『失敗の本質』を語る

なぜ戦史に学ぶのか

野中郁次郎
聞き手・前田裕

日経プレミアシリーズ

はじめに

『失敗の本質』は、日本が第2次世界大戦（同書では大東亜戦争という呼び方に統一していますます）で敗戦を喫した原因を解明し、教訓を引き出した著作で、長く読み継がれている名著です。

新型コロナウイルスの感染爆発、環境破壊や自然災害の拡大、ロシアによるウクライナ侵攻など、「安心・安全」とはほど遠い世界のなかで、日本政府や企業は国難に十分に対応できているでしょうか。同書が浮き彫りにした日本軍の構造欠陥は、残念ながら、現代日本の様々な組織のなかにも見受けられます。

同書は日本軍の敗因分析から様々な教訓を引き出し、勝てる組織になるための方法を提言していますが、なお実行できていない組織が多いのが現実です。今こそ、同書を読み直し、混乱の時代を乗り切る知恵を吸収するときではないでしょうか。

そこで、『失敗の本質』の著者の一人で、完成に至るまでのプロセスを主導した野中郁次郎・一橋大学名誉教授に同書誕生の背景、同書のエッセンスと現代からみた意義や、その後の戦史に関わる研究の軌跡などについて語ってもらったのが本書です。

同書の副題は「日本軍の組織論的研究」です。日本はなぜ敗色が濃厚な戦争にあえて突入したのか、という原因を究明するのではなく、開戦した後の日本の「戦い方」「敗け方」を研究の対象にしました。戦争の諸作戦での失敗は、組織としての日本軍の失敗であるととらえ、日本軍の組織としての特性や欠陥を明らかにしたのです。『失敗の本質』は、日本軍という組織が抱えていた特性や欠陥は、現代日本の組織にも引き継がれているという視点に立ち、日本軍の失敗から様々な教訓を引き出しています。

戦後、活動を復活させた日本の様々な組織が、同書の教訓を生かして生まれ変わったのなら、同書の役割は終わったはずです。しかし、構造欠陥の根は深く、日本全体がうまく回らない局面が来るたびに、何度も読み返されています。

近年では、東日本大震災が発生した2011年に同書のブームが起き、震災対応に苦慮する当時の政権と、日本軍とを重ね合わせて論じる識者もいました。2020年に新型コロナウイルスが世界で猛威を振るうと、再び同書は多くの人の手に取られています。

日本軍が持っていた組織としての特質を「ある程度まで創造的破壊の形で継承したのはおそらく企業組織であろう」と同書は指摘します。野中氏が日本の敗戦を研究テーマにする構想を抱いたのは1979年で、研究プロジェクトが実を結んで初版（ダイヤモンド社）を発刊したのは84年です。この時期の日本企業は、2度の石油危機を乗り越え、製造業を中心に日本的経営が「ジャパン・アズ・ナンバーワン」と世界に評価されていた時期ですが、同書はその実力を冷静に見極めています。

戦後の日本は、欧米をモデルとしながら経済成長を実現しました。環境の変化が突発的な大変動ではなく、継続して発生している状況だから強みを発揮できたという見立てです。日本企業は平時には強みを発揮しますが、大きな時代の変化には対応できないと、日本企業の全盛期に断言しているのです。

コロナ禍が猛威を振るい、世界各地で軍事的な緊張が高まる現在は、まさしく時代の大転換期です。だからこそ同書を手に取る意味は大きく、日本軍の失敗から得られる教訓は現在の多くの組織にも生かせるでしょう。

ただ、そこにとどまると、「やはり日本はだめなのだ」「日本政府のコロナ対応は間違っている」といった悲観論や批判を超える発想が生まれず、閉塞感が増すだけになる可能性があります。

本書は、『失敗の本質』を出発点とし、野中氏のその後の研究成果もフォローしています。経営学者の野中氏は、企業のイノベーションと戦史に関わる研究を2本柱とし、1970年代から現在に至るまで学界や言論界の最前線で活躍しています。戦史に関わる研究の対象は広く、歴史から軍事組織、国家経営、安全保障戦略にまで及びます。野中氏は『失敗の本質』以降も、2本柱の研究を継続するなかで新たな命題を発見し、独自の理論をつくり上げてきました。

経営学者としての代表作といえる「知識創造理論」の完成は1990年代。企業が新たな知識を創造する仕組みを解き明かした理論であり、「成功の本質」に迫る研究といえますが30年の時を経て、今なお進化を続けています。

戦史に関わる研究（共著も含む）では、『アメリカ海兵隊』（1995年）、『戦略の本質』（2005年）、『失敗の本質　戦場のリーダーシップ篇』（2012年）、『史上最大の決断』

(2014年)、『国家経営の本質』(2014年)、『知的機動力の本質』(2017年)、『知略の本質』(2019年)、『知徳国家のリーダーシップ』(2021年)といった成果を次々と生み出し、独自のリーダーシップ論を展開して知識創造理論を拡充しています。2本の柱は相互に影響を及ぼしながら野中ワールドは大きく広がっているのです。

本書では野中氏の「現在地」から『失敗の本質』を読み直し、その後に積み上げてきた知見を取り入れたうえで、危機に直面した人と組織が進むべき道筋を探ります。国家の安全保障政策や軍事戦略も射程に入れ、危機の時代に国家のリーダーはどう行動すべきかを進言します。

野中氏のメッセージは、人々の行動を変え、閉塞感が漂う現状を打開する原動力になると期待しています。

なお、本文中の敬称は略しました。

2022年春

前田 裕之

目次

第1章　混沌——新しい戦争研究の型 …… 39

序　章

探索

失敗研究の題材を求めて

事例研究をもとに理論構築に挑む

1972年、米カリフォルニア大学バークレー校への留学から帰国し、南山大学に就職した野中は、米国で身につけた事例研究（ケーススタディ）の手法を駆使して研究活動に邁進した。

帰国して日本の経営学界を見渡すと、独自の理論を展開する学者がほとんどいませんでした。一言でいうと、外国の経営学の解釈学だったのです。外国の文献を読み、海外の著名な学者が「こう言った」と引用しながら細部に立ち入っていくスタイルです。訓詁学といってもよいでしょう。ドイツの文献を参照する研究が主流でした。文献研究でも、独自の解釈を加え、新しい概念や、命題を打ち出せればよいのですが、海外の文献紹介の域を出ない論文が大勢でした。

経営学に限った話ではありません。日本は戦後、経済復興を遂げた後、高度成長を続け、先進国の仲間入りを果たしました。しかし、学問の世界ではなお「輸入学問」が幅を利かせていたのです。

第1章でも述べますが、留学中に、理論は学ぶものではなく、自分でつくるものだという姿勢を叩き込まれました。外国でできあがった理論を受け入れるだけの日本の風潮に違和感を覚えたのです。

企業の事例研究を積み上げ、その背景にある構造や法則を見出し、理論を構築するというのが、米国で学び取った方法論です。帰国後は、その方法論をもとに日本企業の事例研究に取り組んだのです。

事例研究とは、一つのパターン認識です。人間は事例を通じて物事の因果関係を理解しています。事例研究を豊富にしないといいアイデアが出てきません。企業を訪問し、人に会って話を聞くと、その事例のなかに、必ずどこか一つ、面白いところがあります。様々な企業を訪問すると、新しい命題が次々と湧き出てくるのです。

高まる失敗事例研究への思い

企業を対象に事例研究をするには、企業側の協力が欠かせません。無名に近い経営学者が大企業のトップや担当者に話を聞きたいと申し入れても、そう簡単には会えません。

私が事例研究を始めようとしたころ、日本にも米国流の経営学を取り入れようとする動きが出始め、組織学会という名の学会が誕生していました。会長を務めていたのが、一橋大学教授などを歴任した高宮晋先生でした。米国から帰国し、日本では学界の人脈が乏しい私に目をかけ、経営者へのインタビューに同行する機会を与えてくれました。

インタビューで経営者とどのようなやり取りをし、何を引き出し、どのように研究成果につなげるのか、大いに学びました。私の事例研究の出発点といえます。

ただ、企業を訪問する事例研究には制約がありました。企業が協力してくれるのは、成功事例として取り上げてもらえると期待しているからです。成功事例だけではなく、失敗事例の研究をしたいと思っても、協力してくれる企業は現れません。

留学中の研究成果をベースにした初の著書『組織と市場』（1974年）で取り上げたのも、当時のエクセレントカンパニーです。

調査の対象は、米国最大の液体漂白剤メーカー、クロロックス、世界最大の精密エレクトロニクス測定器具メーカー、ヒューレット・パッカード、米国の3大アルミニウムメーカーの一つ、カイザー・アルミニウム・ケミカル、世界的なジーンズブランドのリーバイ・ストラウスの4社。

事業部長や製品マネジャーを中心に質問票を送り、その結果をもとに市場の多様性を示す計測値をそれぞれ算出しました。論文を仕上げるにあたり、会社概要や内部資料も参考にしていますが、質問票への回答が得られなければ、論文は成立しなかったでしょう。事例研究には企業側の協力が欠かせません。

企業の成功事例から学ぶ点が極めて多いのは確かです。企業の協力を得やすいし、論文も書きやすいため、米国の学界でも成功事例に焦点を当てた研究が活発でした。

しかし、そこに安住していたら、物事の一面しかとらえられません。そこで、失敗事例を調べようとしても、なかなか協力を得られません。

企業の栄枯盛衰は一種の物語といえます。物語には様々な種類があります。ロマンス、冒険劇、喜劇と悲劇、風刺もあります。企業の成功と失敗の物語は表裏の関係にあり、どちらの側面から本質をえぐり出せるのでしょうか。どちらからアプローチすれば、物事の意味づけや価値づけが可能なのでしょうか。私はずっと成功した企業を追いかけてきましたが、失敗の研究のほうが面白いのではないかとの見方を強めたのです。

奥住氏からのヒント

悶々とした思いを募らせていた野中に、転機をもたらしたのが、学者になる前に働いていた会社、富士電機製造（現・富士電機）の先輩、奥住高彦である。人事担当だった奥住は野中の米国留学に理解を示し、支援を続けた。経営学修士（ＭＢＡ）取得後に帰国して会社に復帰する予定を変更して博士課程に進み、学者に転身する道を選んだ野中を温かく見守り、帰国後も交流を続けていた。

失敗の事例研究はなかなか難しいと奥住さんにも話をしていました。するとあるとき、日本軍はよい研究対象になるのではないか、と提案してきたのです。奥住さんは第2次世界大戦で航空予備学生に志願しました。特攻隊に入って死を覚悟しましたが、台湾の高雄にいるときに終戦を迎え、死を免れた経験の持ち主です。経営学者の私に日本軍の研究を勧めた真意は分かりませんが、日本軍の敗因を明らかにしたい、という気持ちが強かったのでしょう。

日本軍の研究は魅力のあるテーマだと感じました。私には従軍の経験はありませんが、幼少期に強烈な体験をしています。戦時中に、故郷の東京から、母の出身地である静岡県に疎開していた小学校4年生のときでした。その当時、関東地方を攻撃する米軍の航空機Ｂ29は、富士山を目指して駿河湾から入り、富士山の手前で右折していました。疎開先の元吉原村（現・富士市）はＢ29の飛行経路になっていたのです。沿岸に迫る米軍の空母から航空機が飛来し、機銃掃射をしていました。元吉原村には大昭和製紙（現・日本製紙）の主力工場があり、標的になっていたのです。

そんなある日、木陰に身を隠しながら帰宅を急いでいると、低空飛行の戦闘機が近づいてきました。松の木の下に逃げ込みましたが、機銃掃射の音が激しくなったので危険を感じ、トウモロコシ畑のほうに飛び移りました。しばらくすると松の木は炎に包まれ、根元から折れて倒れてしまいました。あっという間の出来事でしたが、元の場所にとどまっていたら命を落としていたかもしれません。

低空飛行の艦載機のパイロットの表情が見えました。笑っているようでした。この瞬間、

「いつか必ずアメリカを倒す」という強い怨念が生まれたのです。「米国へのリベンジ」は私の人生を貫く太い幹となります。唐突ともいえる奥住さんの提案に乗る気になったのも、この思いが根底にあったからです。米国へのリベンジを果たす前に、なぜ日本は米国に負けたのかをきっちり解明しておきたい。研究意欲に火が付いたのです。

急転直下、防衛大学校へ

話は急展開します。日本軍の研究に意欲を見せた私を、奥住さんは防衛大学校校長の猪木正道先生のもとへ連れて行きました。猪木先生は奥住さんの高校時代の恩師です。「防衛大学校には戦争の資料やデータベースがそろっているだろう」と見通しを立て、研究への協力を依頼しに猪木先生のご自宅を訪問したのです。ワインやチーズをごちそうになり、歓待を受けました。

猪木先生は直ちに研究への全面協力を快諾しましたが、条件を付けました。私が防衛大学校に移籍するのなら研究に協力しよう、というのです。

戦史に関わる研究は魅力のあるテーマでしたが、職場を移るとなると話は変わってきます。南山大学には大切にされているという実感があり、恩義がありました。同じ時期に別の大学から移籍のオファーも受けていました。防衛大学校は社会科学系の学部を新設したのですが、新設学部にはブランド力が欠けていました。体制を強化するために私に白羽の矢を立てたのでしょう。奥住さんは移籍の話を承知のうえで、私を猪木先生のもとに連れて行ったのではないか、という気がします。

いったん話を持ち帰り、研究仲間らに相談しました。防衛大学校に移籍すると、その後の進路が限られてくるという意見が多く、みんな、こぞって反対しました。

しかし、私は何よりも研究活動を重視する人間です。リベンジを誓った米国との戦争をテーマに研究に取り組める環境には、何物にも代えがたい魅力がありました。

戦地から生き残って帰ってきた親戚の人間から「自分だけが生きていて申し訳ない」「死んだ仲間に顔向けができない」といった話をよく聞かされ、いつの間にか「人間はいつ死ぬか分からないのだから、ダメ元でいいから、やりたいことがあったら挑戦しよう、後悔しない生き方をしよう」と考えるようにもなっていました。最後は「一宿一飯の恩はあるぞ」という奥住さんの一言に背中を押され、防衛大学校への移籍を決断したのです。

成功と失敗のダイナミズムと逆説的論理

こうして失敗の研究の土台は整いましたが、話を先に進める前に、成功と失敗の関係について整理しておきましょう。経営学者として「成功している企業」への訪問を続けてきましたが、成功と失敗の境界線を引く難しさも感じていました。

物語にたとえれば、失敗は悲劇、成功は喜劇にあたりますが、失敗と成功は物事の両面であり、どちらか一方だけを見ても全体像はつかめません。足元では成功しているように見えても、後に失敗に転じる企業もあります。成功か失敗かが判明するまでに時間がかかる事例も少なくありません。成功から失敗へ、その逆に失敗から成功へというダイナミックな動きもあります。企業は栄枯盛衰を繰り返しているので、成功事例だと思って論文を書いているうちに、失敗に転じている場合もあるほどです。

栄枯盛衰が激しく、結論が出るまでに時間がかかる企業研究に比べると、戦争研究は勝敗がはっきりしています。第2次大戦で日本が負けたのは動かしがたい事実であるし、戦争は総じて短期間で終わるので、成功と失敗の本質を明らかにしやすいのでは、と考えたのです。

もちろん、日本軍の作戦はすべて失敗だったというわけではありません。

なかには、開戦劈頭の真珠湾奇襲攻撃に代表されるように、日本軍の作戦成功例とみなすべきものも、少数ながらいくつか存在した。また、物量的劣勢を考慮し、視点を末端の戦闘レベルにおける将兵の戦いぶりに限定するならば、日本軍はよく戦った、と見ることもできるかもしれない。しかし、全体的に見た場合、組織としての日本軍の作戦や戦い方では、その失敗例が成功例を、数の上でも重要度においてもはるかに圧倒しており、しかも失敗例のなかにこそ、日本軍の組織的特性や欠陥がより鮮明に映し出されている。（『失敗の本質』26ページ）

戦争における成功と失敗の関係を「逆説的論理」という概念を使って説明したのが、軍事戦略と外交政策の米国の研究者、エドワード・ルトワック（1942〜）です。ルトワックは、商業や生産といった平和的な活動には「線形論理」が浸透しているが、戦争中は、すべてを反対方向に転じる「逆説的論理」が支配的になると主張します。線形論理が支配している環境では、良いものが増えれば増えるほど状況は好転します。経済活動での大量生産はその一例です。反対に、戦時には均質性は弱点になりかねない、というのです。

戦場で「勝利による敗北」がときおり起きるのは、戦争中には逆説的論理が蔓延しているためです。ルトワックは戦略論に「時間」の概念を導入し、逆説的論理をダイナミックな存在としてとらえています。

一定の時間が与えられ、また外部からの実質的な影響がなければ、戦争においては成功が失敗に、勝利が敗北に、あるいは逆に失敗が成功に、敗北が勝利に転化し得るのであり、これこそ戦略の逆説的論理の完全な発現であるとされる。(『戦略の本質』50ページ)

敵軍に勝って敵陣に深く入り込み、十分な援軍がないままに長期戦になると、軍隊は弱体化します。勝利を重ねれば重ねるほど母国や補給地から遠く離れ、補給線が長くなるためです。一方、敗れた側は自らの後方基地に近くなり、人員や資源を補給しやすくなります。勝ち続ける陸軍は敵のゲリラやテロに悩まされます。勝った側は士気が落ち、疲労が蓄積しますが、敗者の側は雪辱を期して士気が高まります。負け続けるうちに相手の戦法に習熟し、革新的な戦法を編み出す可能性があります。勝利を重ねてきた部隊が前進を続けるだけでは、一定の時間が経過すると自らを滅ぼし、敗北してしまいます。まさに逆説的論理が働くのです。

事例としてのガダルカナル作戦

3年8カ月に及ぶ第2次大戦での日本の戦いぶりを振り返っても、負け戦ばかりだったわけではありません。『戦略の本質』では、4つの局面に分類しています。1941年12月の開戦から42年中ごろまでの「戦略的攻勢」、42年中ごろから43年前半までの「戦略的対等」、43年前半から44年6月のマリアナ沖海戦までの「戦略的守勢」、44年6月以降、45年8月の終戦までの「絶望的抗戦」です。

戦略的攻勢の局面では、ハワイの真珠湾攻撃に始まり、フィリピン、マレー方面の南方作戦でも日本軍は優位に立っていました。戦略的対等の局面は、日米の陸海軍がほぼ互角の戦いをした時期であり、日米がそれぞれ主導権を取れる可能性がありました。42年6月のミッドウェー海戦で日本海軍は大敗を喫しますが、空母を含めた海上兵力では、なお日本軍のほうが優位にありました。戦争全体の大きな転機となったのが、43年1月の日本軍のガダルカナル島からの撤収と、同年6月の米軍によるソロモン諸島からの反攻の開始です。

短期決戦を望んでいた日本軍は消耗戦に引きずり込まれ、米軍との兵力の差が開く一方となりました。44年6月のマリアナ沖海戦での一方的な敗退は敗戦を決定づけました。そのあとの局面は、まったく勝てる見込みがない戦いを続けるだけで、45年6月に本土決戦の戦争指導方針を決定したものの、結局は断念して降伏に至りました。

成功と失敗の分岐点は、個々の作戦の中にも表れます。『失敗の本質』では、戦史上の失敗例としてノモンハン、ミッドウェー、ガダルカナル、インパール、レイテ、沖縄の6つの事例を取り上げ、個々の失敗の内容を分析したうえで、敗因を探っています。私は事例研究ではガダルカナルを担当し、組織論の専門家として全体の理論構築を担いました。

ガダルカナル作戦は、日本が敗戦に向かう転換点と位置づけられますが、作戦の経過をたどると、やはり起伏があります。経過をみてみましょう。

ガダルカナル島は日本から約6000キロ南西にある南太平洋ソロモン諸島の中心に位置しています。1942年6月のミッドウェー海戦後、主導権を握った米軍は日本軍を抑え込む時期を迎えました。最初の反攻は、日本軍が飛行場を建設中であったガダルカナルに的を絞りました。米国には日本本土の直撃による戦争終結という基本戦略があり、太平洋諸島を制圧して航空機の前進基地を確保しようとしました。日本側の予想より早く、日本軍の補給線が伸びきったガダルカナルの攻略を目指したのです。

1942年8月7日、巡洋艦と駆逐艦からなる、米軍の艦砲支援群と航空機はガダルカナル島とツラギ島を爆撃し、海兵隊を乗せた船団が沖合から接近して両島に無血上陸しました。

連絡を受けた大本営陸軍部の情勢判断は誤りでした。米軍の上陸は一種の偵察作戦か飛行場の破壊作戦である可能性が高い。上陸した兵力は著しく劣勢であり、米陸軍は弱いから、ガダルカナル奪還の兵力は小さくても早く派遣できる部隊がよいと判断したのです。米軍が海兵隊を中心に陸・海・空の機能を統合して島から島へと逐次総反攻を進める「水陸両用作戦」という新たな戦法を開発していたとは、想像していなかったのです。

大本営は、一木清直大佐が率いる兵力2000人の支隊に、ガダルカナル島の奪回を命じました。ガダルカナルには米軍の1万3000人が上陸していましたが、一木は2000人と誤認し、900人の先遣隊で飛行場の奪還を目指しました。

一木支隊は8月18日午後、ガダルカナル島のタイボ岬周辺に上陸し、飛行場を目指して海岸沿いを進みました。21日未明、一木支隊が砂地の浅い川を渡ろうとしたとき、突然猛烈な砲撃と射撃を受けました。反撃を試みましたが、川の上流から回り込んできた敵に午前10時ごろ挟み撃ちにされます。敵は水陸両用車も送り込み、午後3時には戦闘が終了しました。一木大佐は自決し、部下の大多数も戦死しました。

一木支隊は勝利を確信して突撃しましたが、圧倒的な戦力の差になすすべもなかったというのが、ガダルカナル島初戦の顚末でした。

一木支隊先遣隊の全滅を受け、日本陸軍は川口清健(きよたけ)少将の川口支隊（約5400人）をガダルカナル島へ派遣しました。川口支隊は8月29日、ガダルカナル島に上陸し、ジャングルの中を移動しました。9月12日夜に夜襲を決行したのです。

川口支隊はいくつかの隊に分かれ、期限までに決められた攻撃地点にそれぞれ進むことにしていましたが、ジャングルの中を、武器・弾薬を運びながら進んだため、攻撃開始に間に合わない隊も出ました。12日夜は攻撃地点に間に合った部隊だけで攻撃しました。翌13日、川口支隊長は味方の情勢をよく把握できなかったものの、再び攻撃を指示しました。午後8時に総攻撃に打って出ましたが、敵軍の反撃に対抗できず、敗れました。日本側の戦死者は約600人、負傷者は約500人にのぼりました。

この第1回総攻撃は失敗に終わりましたが、日本軍はやはり勝利を見込んで戦いに挑んだといえます。

問題は第2回総攻撃

問題はその後の第2回総攻撃です。2度の突撃に失敗した陸軍は、さらに大きな戦力で10月中の飛行場奪回を計画しました。第2師団の師団長、丸山政男中将は一足先に10月3日、ガダルカナル島へ上陸。戦闘指令所を設営しました。先に上陸し、敗退していた部隊から「ガダルカナル島へ上陸した兵力は、約9000人で、そのうち戦病者2000人、健在の兵は約５０００人だが、攻撃力としては期待できない」との連絡が入ります。生存していた兵も、マラリアなどの病気と飢えによって戦う体力が残っていなかったのです。

第2師団約1万人は、24〜25日、総攻撃を敢行しました。それ以前から一部の部隊は敵と遭遇し、撃破されていました。地上の敵軍の攻撃だけではなく、飛行場から飛び立った航空機によって日本軍は爆撃と機銃掃射を浴び、作戦を断念しました。２０００〜３０００人の日本兵が死亡したのです。

正面攻撃を避け、迂回作戦を実行するよう上層部に提案し、総攻撃直前に罷免された川口少将は手記で「これでは金城鉄壁に向かって卵をぶっつけるようなもので、失敗は戦わなくても一目瞭然だ」と述懐しています。川口の予想通り、日本軍は敗れたのですが、日米の兵力の差や、それまでの戦いぶりを見れば、ごく当たり前の情勢判断ではないでしょうか。

川口の提案を封じ込め、2回目の総攻撃に走ったあたりから、日本軍は冷静な判断ができなくなりました。もっと言えば、失敗の可能性が高いのにあえて戦いに挑むという別次元の領域に入り込んでしまったのです。大本営がガダルカナル島からの撤収命令を下したのは１９４３年1月4日。第2回総攻撃後、奪還は難しいとの見方が第一線にも広がっていましたが、最終決定までに2カ月かかりました。

全否定では見えない本質

ガダルカナル島の奪還作戦は、最初から最後まで失敗の連続であり、日本軍が敗戦に向かう分岐点と位置づけられていますが、第1回総攻撃までの日本軍は失敗を予見していたわけではありません。そうした認識は間違ってはいませんが、成功を信じて戦いを挑んだものの、結果として失敗したのです。第1回総攻撃ではあと一歩で飛行場を奪回できたとの見方も一部にあり、戦場においても成功と失敗は表裏一体なのです。

企業間の競争に比べると国同士が戦う戦争は最終的な勝敗がはっきりする場合が多いですが、成功と失敗は、やはり地続きであり、個々の戦闘レベルでは勝者と敗者は瞬時に入れ替わります。日本軍の研究は、失敗の研究ではありますが、「何もかも失敗だった」と全否定するだけでは、失敗の本質は見えてきません。

戦史に関わる研究はなぜ必要なのでしょうか。私の精神の奥底には米国へのリベンジの念があるのは確かですが、長く戦史に関わる研究に取り組んできた理由はそれだけではありません。

戦後の日本に最も欠けていたのが戦略と戦争の研究ではないか、という意識があるからです。自分としては戦史に関わる研究を継続し、一定の成果を生み出してきたとの自負はありますが、日本全体でみると戦略や戦史に関わる研究が活発だった、とは言えません。日本が平和を望むのなら、過去の戦争を検証し、教訓を引き出したうえでイノベーション（革新）につなげるべきです。

日本人は第2次大戦後、連合国軍最高司令官総司令部（GHQ）の指導のもとで新憲法を制定しました。平和主義や、「戦争はよくない」「平和を望めば平和が訪れる」という考え方が根を下ろすと同時に、戦争には目を向けない傾向が強まりました。

戦争とは人間の根源的な価値観に限りなく近づくものであるために、それを真摯に見つめることで初めて、われわれはあらゆる現実に対して謙虚な姿勢をとることができる。ほんとうに「平和」を実現したいと望むなら、戦争のなかに現れる人間の弱さや浅ましさ、愚かさなどの感情すべてを平常心をもって、リアリティとして受け入れな

ければならない。これこそが真のリアリズムである。(『戦略論の名著』18ページ)

1979年、防衛大に移籍し、戦史に関わる研究に取りかかりました。といっても専門は経営組織論であり、単独で研究に取り組むのは困難です。ちょうどそのとき、戦史の研究家である杉之尾孝生が、社会科学の方法論を戦史に関わる研究に導入できないだろうかと、私と、同僚の鎌田伸一に声をかけてきました。80年秋に研究会を立ち上げ、共同研究をスタートさせました。政治過程の決定論に関心を持っていた戸部良一もメンバーに加わり、危機における国家の意思決定や情報処理をテーマに議論を重ねました。

『失敗の本質』が長く読み継がれている理由の一つは、6つの作戦の事例研究と、理論的な分析を組み合わせ、失敗の教訓を体系立てて引き出している点にある。野中は米国で学んだ組織論を武器に、戦史に関わる研究という未知の分野に切り込んでいった。

第　1　章

混沌

新しい戦争研究の型

研究テーマの修正を迫られる

防衛大学校に移籍してほどなく、戦史に関わる研究のチームが立ち上がった。学長の支援を得た研究プロジェクトでもあり、データ収集や関係者の取材協力といった研究の環境には恵まれていた。

恵まれた環境の下で研究チームは発足しましたが、研究はなかなか前に進みませんでした。異分野の研究者が協力する研究活動のなかで、意見の対立や葛藤がやまなかったためです。

戦史研究が専門の杉之尾孝生が、組織論が専門の私と鎌田伸一に共同研究を呼びかけたときの研究テーマは、奇襲攻撃の比較研究でした。したがって、全体のテーマも、危機における国家の意思決定や情報処理の分析に主眼を置いていました。日本の軍事組織の歴史的な分析に関心を持っていた戸部良一がまもなく研究に加わり、1年ほど研究活動を続けました。

壁にぶつかりました。奇襲攻撃の比較研究をするためには、意思決定や情報処理に関する多くのデータが必要ですが、防衛大のなかにあっても、そうしたデータは豊富ではありません。十分な実証データがないままに理論研究に邁進すると、先行研究の域を出ない内容になりかねません。研究チームのなかには、そもそも、国家の意思決定を論じるのに、企業の組織論の枠組みが通用するのかと問う声もありました。組織論を武器に、日本軍が負けた原因を探ろうとしていた私は、思い描いていた姿とは違うと感じました。

膠着した状態から抜け出すため、研究テーマを修正しました。世界の戦争を対象にするのではなく、日本の大東亜戦争に対象を絞り込み、敗戦の実態を解明すべきではないかという認識を共有したのです。

第2次世界大戦で多くの人が亡くなったという事実から目をそらさず、その原因を究明できれば、敗戦という悲惨な経験のうえに平和と繁栄を築いてきた世代の人間にとって大きな意味を持つと考えたのです。

ただ、日本はなぜ、勝てる見込みがない戦争に突入したのかといった視点からの研究には多くの先行研究があり、屋上屋(おく)を架す恐れがありました。そこで、悲惨な戦争に突入した背景はかっこに入れ、開戦後の日本軍の戦い方、敗け方を研究対象にすることにしたのです。

失敗の例として取り上げたのは、ノモンハン、ミッドウェー、ガダルカナル、インパール、レイテ、沖縄の6作戦です。戦局の行方を左右したとみられる個々の作戦に注目したのは、個々の作戦のなかにこそ、日本軍の組織特性やそれに起因する失敗の本質をとらえられると判断したためです。

戦争の全体像を追うのなら、政府や大本営のレベルでの戦争計画や、戦局の見通し、戦略決定の推移も分析する必要がありますが、日本軍の組織特性をつかむためには、むしろ個々の作戦に的を絞ったほうがよいと考え、個々の作戦に従事した部隊もしくは艦隊や、作戦を指揮・指導した上級司令部の動きを追ったのです。

当初の研究計画を変更し、日本軍の組織特性の分析に絞ったのは、野中がチーム全体の議論をリードした影響だ。組織論をベースに理論を組み立て、敗戦の教訓を引き出した結果、組織全般に通じる普遍性を持つ内容となった。為政者の言動にばかり目が向くと、「個人の判断の誤りが敗因であり、過去に間違った判断をした罪深い為政者がいた」という当たり前の結論になりかねない。日本軍の組織的な特性は戦後も生き続け、様々な教訓が現代にも通じるからこそ、同書は長く読み継がれているのだろう。

日本軍の組織的特性は、その欠陥も含めて、戦後の日本の組織一般のなかにおおむね無批判のまま継承された、ということができるかもしれない。たとえばそれは、企業のリーダーが自己の軍隊経験を経営組織のなかに生かそうとしたり、経営のハウ・ツーものが日本軍の組織原理や特性を半ば肯定的に援用しようとする傾向などに、見ることができよう。(『失敗の本質』24ページ)

研究テーマを変更した後、軍事史専攻の村井友秀、軍事組織の研究をしてきた寺本義也がメンバーに加わりました。6つの作戦にそれぞれ担当を割り振りました。事例分析では、防衛研修所戦史室(現・防衛研究所)が刊行した『戦史叢書』を底本としましたが、現地視察や当事者へのインタビューにも時間をかけました。

防衛大の教授は組織内での地位が高いこともあり、現場を訪ねると自衛隊の協力を得やすい利点もありました。沖縄を訪問したときは軍用機に搭乗しました。研究チームの一人、杉之尾の父は、ガダルカナルから撤収したときの参謀であり、話を聞きに行きました。質問には丁寧に答えてくれましたが、それを杉之尾に伝えると、父親からは一言もその話を聞いたことがないといいます。

戦後、日本では反戦ムードが強くなり、戦争体験については語らない人が多かったのではないでしょうか。杉之尾の父君も、インタビューには協力してくれましたが、日常生活のなかでは戦争体験について語っていなかったのでしょう。

作法の違いを実感

共同研究に取り組む過程で実感したのは、研究分野による作法の違いです。研究チームは歴史研究者と組織論の研究者に大別できました。歴史研究者は、歴史は個別の出来事の連なりであり、普遍化よりも、特殊性、独自性、個別性を強調するきらいがありました。個別事例の発掘と記述こそが大切であり、それ以上の説明は不要だと考えるのです。

一方、私を含む組織論者は、個別の出来事の記述では満足せず、その背後にある構造をつかんで理論にしようとします。歴史研究者たちは反発しましたが、個々の事例を取り上げて丁寧に議論するうちに両者は歩み寄るようになりました。

そのうち、組織論者たちが歴史における偶然の要素を重視し、歴史研究者たちが組織論の用語を使って議論を展開するようになりました。特殊と普遍がぶつかり合ううちに、両者のバランスが取れた研究活動になっていきました。

共著でありがちなのが、各章の担当者を割り振り、それぞれが書いたものをまとめて完成させた本です。共通のテーマはあるが、各章ごとにトーンが異なったり、重複する内容があったりします。統一感がないので読みづらいし、全体を通じて何を主張したいのかも不明瞭になりがちです。

そうならないように、研究チームのメンバーは頻繁に会合を開き、自分の担当以外の部分にも口をはさんで議論し合いました。そして、文章全体を戸部がチェックし、理論構築の面では私が責任者となりました。著作全体に一貫性を持たせるためで、チームのメンバーにも、担当部分を修正する可能性があると事前に説明していました。

研究活動には「ペア」で取り組むのが理想です。6人のチームによる研究ではありましたが、中核になったのは、戸部と私の２人であり、やはりペアが力を発揮したのです。

各章の担当は一応、分けましたが、もっとああしてよ、こうしてよとお互いに議論し合いました。そしてまた、それぞれが修正案を出してきます。それを戸部が全部、一字一句チェックします。理論の部分は私が全部見て一貫性を持たせました。文章のトーンも最後に全部統一しました。理論、文章、表現力は、中核になるペアがしっかりしていないと、破綻していたでしょう。

現場の科学

防衛大に移籍した時点で野中は、どんな研究手法や理論を身につけ、戦史に関わる研究に生かしたのか。研究の軌跡をさらに追う前に、米国留学で学び取った理論や手法について尋ねた。

１９６７年、私がカリフォルニア大学バークレー校に留学したのは、米国で経営学を学び、米国に対抗する力を身につけたいとの思いからでした。富士電機の本社勤労部で経営幹部研修を担当したとき、協力を得たのが、発足間もない慶応義塾大学ビジネススクールでした。

同校は米ハーバード・ビジネス・スクールで実践しているケーススタディの手法を導入していました。最先端の経営学の手法や米国企業の動きが分かり、大いに刺激を受けました。

生産を標準化し、大量生産方式を確立した米国は、第2次大戦で戦力増強に成功し、戦後も大量生産の王者として君臨しました。クオリティコントロール（ＱＣ）という生産現場の管理手法、作業員や職長の教育も米国から学ぶしかありませんでした。

米国の経営学の興隆を駆け足で振り返りましょう。米国で経営学が誕生したのは20世紀初頭だとされています。学問のためというよりも、実践のために知識を収集するうちに経営学の体系ができあがったといえます。

先駆けとなったのは、技術者・経営学者、フレデリック・テイラー（１８５６～１９１５年）の『科学的管理法の原理』（１９１１年）です。米国ではそれ以前から、作業現場の能率を上げるための改善運動に取り組んでおり、テイラーはそうした活動の内容をまとめました。あくまでも作業現場から生まれた管理法であって管理論ではありません。

経験や習慣に頼るその場しのぎの経営が広がり、労働者の側にも非効率で怠慢な行動が蔓延するなかで、統一的な管理手法を確立すれば、労使双方の不信感が解消し、生産性と賃金の上昇につながると考えたのです。テイラーの手法には賛否両論がありましたが、作業の標準化や流れ作業へと発展しました。

フランスの経営学者、アンリ・ファヨール（1841〜1925年）の『産業ならびに一般の管理』（1916年）を源流とし、第2次大戦後に米国に伝わったのが、管理過程論です。作業現場に焦点を当てた科学的管理法とは異なり、企業経営の全体像を視野に入れています。経営にとっては管理が最も重要であると強調し、管理教育の必要性を訴えました。管理機能を、計画→実行→統制の過程ととらえています。

人間の科学

その次に登場したのが、人間関係論です。オーストラリア出身の文明評論家、エルトン・メイヨー（1880〜1949年）と米国の経営学者、フリッツ・レスリスバーガー（1898〜1974年）は1924〜32年、米ウェスタン・エレクトリック社のホーソン工場で実験を重ねました。

継電器の組み立てをする作業員の生産性を左右する要因を突き止めるための産業心理学の実験です。照明の明るさ、労働時間、休憩時間の取り方といった物理的な作業条件と作業の能率との関係を探るのが目的でした。様々な角度から生産性と、原因変数（作業方法、材料の変更、疲労、睡眠時間、温度、天候）の関係を統計的に分析したものの、有意にはなりませんでした。

現在の統計学の視点からみると、この実験では、途中でメンバーが入れ替わるなど不備が目立ちました。しかし、その後の面接調査で、仲間同士の非公式なルールや職場の人間関係が従業員のモチベーションや作業能率に大きな影響を与えていることが分かり、人間関係論の基礎となる実験だったといえます。

人間関係論は1950年代以降、行動科学、さらには組織行動論（オーガニゼーショナル・ビヘイビアー）と名前を変え、経営学の一角を占めるようになりました。

私が富士電機で幹部研修を担当したのは1960年代前半です。日本でもピーター・ドラッカー（1909～2005年）の著作が話題になり、ダグラス・マグレガー（1906

〜64年）が唱えたX理論・Y理論と呼ばれる人間関係論や心理学者のアブラハム・マズロー（1908〜70年）の自己実現理論などが怒涛のように押し寄せていました。

X理論は「人間は元来、怠け者であり、強制や命令がないと仕事をしない」という性悪説に基づき、アメとムチを使い分ける管理手法で、Y理論では「人間は生まれながらに仕事が嫌いではない。条件次第では自らすすんで責任を取ろうとする」と考え、自己実現を仕事の動機づけにしようとします。

マズローの自己実現理論によると、人間には①生理的な欲求、②安全を望む欲求、③帰属意識や愛情を得たい欲求、④尊敬を得たい欲求、⑤自己実現の欲求の5段階の欲求がありま す。生理的な欲求から始まる下位の欲求が満たされると次第に上位の欲求が強まると主張したのです。現在の日本でもときおり話題になる、息の長い仮説です。

なぜ経営学を学ぶことにしたのか

日本の製造業にも生産管理のノウハウの蓄積はありましたが、それを言葉で表現できていません。経営学の面でも、日本からはX理論・Y理論に相当するような面白い概念が生まれず、海外からの輸入に頼っていました。幹部研修を通じて米国の力を再認識したのです。幼少期に米国へのリベンジを誓って以来、米国の存在は意識の底に沈んでいましたが、再び、強い敵として浮かび上がってきたのです。

米国の学者はやっぱりうまいことを言うなと思いました。日本からはX理論・Y理論のような概念が生まれず、作業現場の科学的な管理法も米国から学んでいました。これでは、日本はまた米国に負けるなと感じました。どうしても敵地に乗り込まないと、やはりまずいのではないか、少なくともMBA（経営学修士）は取ってこようと考えました。

このときは学者になる気持ちはありませんでした。負けるということが、いかにみじめかは子どものときの経験でよく分かっていたので、とにかく米国に行かなければならないという話になったのです。

海外留学の目的はMBAの取得であり、目的を達したら日本に帰国し、富士電機に戻って働くというのが当初の計画でした。

専攻はマーケティングで、指導教官はイタリア人のフランセスコ・ニコシア教授です。後述するハーバート・サイモン（1916～2001年）の情報処理モデルを消費者行動に応用した理論のパイオニアとして著名な存在でした。

厳しい指導でも知られ、授業中に「Why? Why?（なぜ？　なぜ？）」と学生を追い詰めるので、学期の途中で逃げ出す学生が多かったのです。そんな中にあって、慣れない英語で質問し、授業に食らいつく姿勢が評価されたのか、留学の1年後にニコシアのリサーチアシスタントに採用されました。成績の良さもありましたが、日本人があまりいないこともあり、面白い人間だと思われたようです。リサーチアシスタントは、教授の調査・研究活動の補助を担い、給料も出るので生活は一気に楽になりました。

支えとなった「ペア」の存在

留学したばかりのころ、私の支えになったのは「ペア」の存在です。ペアを重視する姿勢は、その後も一貫しています。戦史に関わる研究では、戸部と私が「ペア」となって研究チームをリードしたと説明しましたが、原点は留学時代にあるのです。

ここでいうペアとは、一緒に勉強する相手を指します。日本人の留学生たちとも交流を深めましたが、とりわけ親しくしたのが、イスラエル出身のある留学生です。競争心が強く、勉強もよくできました。自分と同様に社会人を経験しています。自分がノートを取れていなくても、彼はしっかりと取れています。宿題が出れば一緒に取り組み、授業に備えます。テストの結果も見せ合いました。競争相手でもあり、仲間でもあったのです。誰をペアの相手に選んだらよいのかは、直感で分かりました。9年間の会社員生活で人を見る目は肥えていたのでしょう。クラスに顔を出せば、できる人間はすぐに見分けがつきました。

共同研究をするときに大切なのは共感力です。本当に相手の身になりきる。完全に相手の視点になりきるのです。全身全霊で向き合わないと共同研究は難しい。そして、全身全霊で向き合える一番の単位はペアです。

3人よりも2人のほうがいい。3人でつくる3角形は安定しますが、そこには矛盾は起きません。2人の関係は不安定で対立（二項対立）が生まれますが、だからこそ弁証法が成り立つのです。対立する2人が互いの共感をベースにアウフヘーベン（止揚）を目指すのが、創造的な「二項動態」です。そういう意味で本当に人間が向き合えるのはペアなのです。

米国に留学した当初は、英語力を補うために優秀なペアが必要だと聞いていましたが、研究の道を進むにつれ、ペアの大切さを確信するようになりました。『失敗の本質』は複数の研究者による共著ですが、これも「ペア」での研究成果だと位置づけています。

リッカート理論との出合い

米国で勉強をスタートさせると、組織論はMBAコースのなかでは、傍流とみられているのに驚きました。日本ではマグレガーらの著作がよく読まれていましたが、MBAコースでの一番人気がファイナンス、その次はマーケティングでした。

米国企業では、景気が悪くなるとファイナンス専攻の人が昇進してトップになり、景気が良くなるとマーケティング専攻の人が昇進してトップになる。組織行動（オーガニゼーショナル・ビヘイビアー）を専攻する人は人事担当マネジャーで終わる（デッド・エンド）と言われるほどでした。マネジメントはサイエンス（科学）であるととらえ、ファイナンスやマーケティングを重視する傾向が顕著になっていたのです。

当初は、MBAを取得したら帰国するつもりだったこともあり、こうした風潮は気になりませんでした。専攻はマーケティングでしたが、富士電機では人事や教育を担当し、米国から入ってきていた人間関係論もある程度、知っていました。成績を上げる目的もあって、組織論に関連する科目をすすんで選択しました。

バークレー校で組織行動論を担当したのは、人事管理のジョージ・シュトラウス、人的資源開発のレイモンド・マイルズらでした。そのなかで特に気に入ったのは、社会心理学者、レンシス・リッカート（1903～81年）が唱えた理論です。

リッカートは自著『管理の新しいパターン』（1961年）のなかで、組織の構成単位を小集団とし、小集団同士の連携を「連結ピン」と表現しています。3角形の頂点をピンでとめ、3角形の層が重なる構造のイメージです。連結ピンの役割を果たすのが小集団のリーダーです。

リッカートは、原因変数→媒介変数→結果変数というモデルをつくりました。原因変数は、小集団のメンバーがリーダーを支持する関係、連結ピン組織と高い目標、媒介変数は上司に対する好意的な態度、高い信用と信頼、優れたコミュニケーション、集団への強い帰属意識などからなり、低い欠勤・転職、高い生産性、少ないスクラップ、低い原価、高い収益という結果をもたらします。

バークレーでは、米ミシガン大学でリッカートの同僚であるアーノルド・タンネンバウムが客員教授としてリッカート理論を教えたのですが、クラスを重複する小集団に分け、まさに連結ピン組織を編成して参加型の授業を展開しました。

小集団が自ら高い目標を求めるようになると生産性が高まります。集団のメンバーを従わせる力には、合法力（組織から公式に与えられた権限に基づく力）、報償力（報酬を与える能力による力）、強制力（処罰ができる力）、専門力（自己の持つ専門的な知識による力）、同一力（一体感に基づく力）があります。このなかで最も範囲が広いのが同一力です。人間が他人、集団、規範、役割などに同一性を認めると拘束される力を指し、集団のメンバーとの一体感と言い換えられます。

個人の友情や愛情、忠誠による自己統制は同一力による統制であり、強い拘束力を持ちます。集団の目標が自己の目標になるので、目標の達成に向けてメンバーは懸命に努力します。メンバーは自発的に動くので、統制されているという意識は弱いのです。メンバー間に強い統制力が働き、生産性が高まります。リッカート理論は、凝縮された集団が同一力に基づく統制に従う、理想的な管理の姿を示したのです。タンネンバウムは、「愛情に基づく統制」と表現していました。

個人と個人の人間関係論ではなく、組織、チームをベースにした人間関係論であり、日本の実態に近い内容でした。組織の社会心理学と呼んでいいでしょう。

米国では１９５０年代から、様々な人間関係論が花開きましたが、経営への導入という点では、あまり普及しませんでした。当時のＭＢＡコースでも、主流派はファイナンスやマーケティングであり、組織行動論は傍流でした。米国の産業界や学界では数量化、形式化が重視され、自己実現や創造性といった概念を前面に出す研究は後退していったのです。

米国では株主資本主義や効率化を重視する経営が中心になっていきます。人間関係論をベースにした組織運営は顧みられなくなり、ＭＢＡコースにも影響が及んでいたのです。私は、それでよいのかという問題意識をずっと持ち続けてきました。

「サイモニアン」への道

恩師のニコシアが消費者行動理論のベースにしていたハーバート・サイモンの理論も、バークレー校の授業で取り上げられていた。人間の価値観を問わず、経営を科学（サイエンス）としてとらえる視点に大いに感化された。野中は以来、後に脱・サイモンを果たすまで「サイモニアン」であった。

米国生まれのサイモンは、シカゴ大学で政治学と経済学を学び、政治学で博士号を取得しました。カリフォルニア大学バークレー校に籍を置いていたときは、あまり評価されませんでしたが、カーネギー工科大学（現・カーネギーメロン大学）に移籍してから意思決定の情報処理モデルを提唱し、花が開きました。経済学、経営学、情報処理理論、心理学、認知科学などに多大な影響を与え、１９７８年、意思決定の理論・実証研究でノーベル経済学賞を受賞しました。

サイモンが提唱したのは「限定合理性」という概念です。経済学の主流である新古典派経済学は、人間の合理性を前提とし、合理的な経済人が自由に動けば市場は均衡状態に向かい、やがて安定すると考えます。サイモンは、人間の情報処理能力には限界があり、完全には合理的にはなれないと主張しました。逆に言えば、ある限定された範囲であれば人間は合理的に判断できる。それを可能にする装置こそが組織なのだと考えました。

サイモンが『経営行動』を出版したのは１９４７年、31歳のときです。政治学、公共政策、経営学にまたがる著作で、独自の意思決定理論を展開しています。

バーナードの影響

サイモンは米国の経営学者、チェスター・バーナード（1886～1961年）の影響を受けたとされています。企業経営の経験もあったバーナードは「組織は2人以上の人々が共通の目的に向かって努力し始めるときに生じる」と主張し、独自の組織論を展開しました。

組織にとって大切な要素は、コミュニケーション、組織に貢献する意欲、共通の目的であると指摘したのです。とりわけ、管理職が部下に情報を伝えるコミュニケーションが重要であり、部下が上司からの指示を受け入れる条件として、①指示を理解できる、②指示が組織の目的と矛盾しない、③指示が部下個人の利害と両立する、④精神、肉体の両面で指示に従える、を挙げました。管理職の権限や権威は、部下が4つの条件と照らし合わせながら、受け入れ可能だと判断して初めて成り立ちます。

しかし、上司から指示を受けたとき、部下がその都度、4つの条件と合うかどうかを判断していると、組織の運営に支障をきたしかねません。そこで、部下はとりあえず上司の指示は4つの条件を満たしているとみなして行動します。したがって、上司は部下の期待を裏切らないように4条件に留意しながら指示を出す必要があります。

組織に貢献する意欲を引き出し、共通の目的を明確にするのも管理職の役割です。そして、管理職が意思決定をするときには、①適切ではない問題を決定しない、②機が熟さないときに決定しない、③実行できない決定をしない、④他の人がなすべき決定をしない、という注意点を挙げました。バーナードの研究は経営学に革命を起こしたと評価されましたが、理論の面では未整備な部分があり、サイモンが発展させたといえます。

限定合理性――サイモンの貢献

サイモンがバーナードから受け継いだのは、経営者の職能の本質は意思決定にあるという視点です。組織で起きる現象を理解するためには、意思決定のプロセスがカギを握ると考えたのです。ただ、バーナードが経営者の道徳観による影響を組織論に取り入れたのに対し、サイモンは人間の価値観の問題を切り捨てたうえで議論を展開しました。経営は意思決定の科学的なプロセスであるとみていたためです。組織の意思決定プロセスを情報処理のプロセスだととらえたのです。

情報処理のプロセスをきちんと理論にするためにサイモンは、ある仮定を置きます。意思決定には「価値前提」と「理論前提」という2つの前提があり、価値前提には人間の主観が入るので科学の対象にはならないと考え、理論前提だけに議論を限定したのです。ところが、価値前提をはずして、理論前提だけでピュアに考えても（経済学が想定する）合理的な意思決定は難しいことが分かります。それを「限定合理性」という概念で示したのです。

人間はすべてのことは知りえないので、意思決定の能力は知りえることに限られてしまいます。すべての与件を知り、選択の結果を考察し、最善の選択をするのは現実には不可能です。人間の知識は不完全で、行動範囲の制約もあります。利用し得る限りの選択肢から最良のものを選び出す合理的な経済人は、現実には存在しません。

経済学が想定する合理的な経済人に代わる存在として示した概念が、限定合理性のもとで行動する「経営人」です。経営人は、完全な合理性ではなく、「満足化基準」に従って行動します。自分が満足できる、あるいは十分よいと思える行動を取るのです。

限定合理性のもとで意思決定する経営人にとって組織は大切です。組織には①メンバーの間で仕事を配分する、②標準的な手続きを示す、③組織内に階層が生まれ、意思決定の内容が上位から下位へと伝わる、④メンバーを教育する、といった機能があるからです。つまり、組織に属する人は、上位の指示に従っていれば、自分でいちいち情報を集めなくてもすみます。

これはバーナードの議論と通じています。上位者に権威があり、下位者に信頼されていれば、組織全体の意思決定が円滑になります。経営人が満足化基準に従って行動しやすくするために、組織の階層構造ができたともいえます。

アリのメタファー

サイモンが限定合理性を説明する際に使ったメタファー（隠喩）は強く印象に残りました。巣に向かって歩く一匹のアリの話です。アリが歩いた軌跡を見ると、ジグザグで複雑です。しかし、それはアリの認知能力の複雑さを示しているわけではありません。アリは自分の巣の大まかな方向は分かっていますが、情報処理の能力には限界があり、障害物にぶつかるたびに進路を修正しています。アリが海岸を歩くプロセスが複雑に見えるのは、環境が複雑なだけだ、というのです。

人間の情報処理プロセスはアリと同じです。人間の情報処理能力には限界があり、満足化基準で我慢しなければなりません。サイモンは、人間とアリの情報処理プロセスは同じだという命題を提示したといえます。私は後にサイモン理論の限界に気づき、決別するのですが、バークレーで学んでいた当時は、科学的な手法に心酔していました。

バーナードとサイモンの理論は、米国の経営学で「意思決定論」と呼ばれる新たな領域を切り開きました。テイラーの科学的管理法に比べると、理論の色彩が濃くなっています。人間関係論までの経営学は作業現場の労働者に焦点を当てていましたが、意思決定論は管理職が主な分析の対象です。経営学は組織論の側面が強くなったのです。私は、人間関係論、組織行動論から意思決定論まで米国で誕生した一連の理論を学び取ったのです。

伝統の延長線上に

「限定合理性」の概念は、経済学にも大きな影響を与え、サイモンはその功績でノーベル経済学賞を受賞した。ただ、サイモンの伝統的な経済学に対する批判はあまりにも激しく、経済学を正面から批判する場面もあった。サイモンの問題意識は当時の経済学界ではそれほど浸透しなかったが、時を経て再び注目されている。人間の非合理性に焦点を当てる「行動経済学」の研究者が、限定合理性の概念を唱えたサイモンを行動経済学の始祖として評価するようになったためだ。

人間の非合理性に注目する行動経済学は、経済学に心理学の要素を取り入れており、サイモンの満足化基準の再展開ともいえます。

しかし、限定合理性の理論は、やはり経済学の伝統を引きずっています。

サイモンが「数理経済学や計量経済学がもてはやされるようになった結果、経済学者は2世代にわたって形式的で技術的な問題に取り組んでエネルギーを使い果たし、現実の世界の平凡な問題と向き合う時間を先延ばしにしてしまった」と語る姿勢には共感しますが、限定合理性の概念は、合理的な経済人という人間観を持ち、形式知による分析で事足りるとする伝統的な経済学を乗り越えるものではありません。

同様に行動経済学も伝統的な経済学の延長線上にあり、主観から意味をつくり出す存在である人間を全人的に扱ってない点でまだ発展途上だと思います。

コンティンジェンシー理論の登場

１９６０年代に入ると、米国の経営学界にもう一つの理論が現れた。コンティンジェンシー理論である。経営にはただ一つの最善な方法があるわけではなく、状況に応じて適切な方法も変わるという発想が根底にある。状況適応理論や、組織の環境適合理論と訳されている。組織は、環境、戦略、技術、規模などに適応した構造を持つことで高い成果を上げられるとする理論だ。野中が『失敗の本質』の理論分析の柱にしたのが、この理論である。

コンティンジェンシー理論にはいくつかの流れがあります。英国の社会学者トム・バーンズと心理学者ジョージ・ストーカーは、エレクトロニクス企業の事例研究をもとに「環境の不確実性が組織の構造を規定する」という命題を導き出しました。

組織構造には安定した環境のもとでうまく機能する「機械的システム」（官僚制）と、予測が難しい環境に適合する「有機的システム」があります。前者では情報や権限が上位者に集中し、命令や指示を下す形でリーダーシップを発揮します。後者では情報や権限が組織内で分散し、上位者は下位者を支援する形でリーダーシップを発揮します。外部環境の変化が緩やかなら前者、技術革新が盛んで顧客のニーズが多様な環境では、後者が有効です。どちらの組織が有効かは、外部の環境によって異なると主張したのです。

米ハーバード・ビジネス・スクールのポール・ローレンスとジェイ・ローシュの著作『組織の条件適応理論』（1967年）は、コンティンジェンシー理論という呼び名が広く知られるきっかけになった著作です。分化と統合という観点から、組織の構造と業績の関係を探っています。組織内部の状況やプロセスが外部環境に適応していると業績が向上しますが、企業内部の状態、プロセス、外部環境はそれぞれ異なるため、有効な組織に唯一の解はないと結論づけました。

心理学者のフレッド・フィードラー（1922〜2017年）が1967年に提唱したのが、コンティンジェンシー・モデルです。リーダーシップのスタイルは集団が置かれている課題によって異なるという仮説です。リーダーシップが有効かどうかを左右する要素を「状況変数」と名づけ、3つの変数を挙げました。

リーダーが組織のメンバーに受け入れられる度合い、仕事や課題の明確さ、リーダーが部下をコントロールする権限の強さです。3つの変数が高いとリーダーシップを発揮しやすく、低いと発揮しづらいと指摘しました。

さらに、自分が苦手な同僚を評価するリーダーを「高LPC（Least Preferred Coworker)」、苦手な同僚を避けようとするリーダーを「低LPC」と定義し、3つの状況変数とLPCとの組み合わせで組織の業績は決まると提唱しました。

また、状況変数が非常に高いか、反対に非常に低い場合には、リーダーシップのスタイルは「タスク中心・指示するスタイル」が有効であり、状況変数が高くも低くもない場合には、「人間関係中心・指示しないスタイル」が有効だと主張しました。どんなリーダーシップのスタイルが望ましいのかは、状況によって異なるというのです。

理論は自分でつくるもの

ここまでが、野中がバークレーで習得した主な組織論だが、できあがった理論をうのみにしたわけではない。野中は帰国後、米国で学んだ理論をベースにしながら、独自の理論づくりに精力を注いだ。理論は自分でつくるものだ、という基本姿勢や理論づくりの方法論をどのように身につけたのだろうか。

フランセスコ・ニコシアのもとで、ＭＢＡコースを修了した私は、帰国してサラリーマン生活に戻る予定でしたが、研究の面白さに目覚め、博士課程への進学を目指すことになりました。富士電機には大切にされ、よい思い出ばかりがよみがえりますが、それ以上に研究生活が水に合うと感じたのです。結局、バークレー校に残って博士課程に進むことにしました。

専攻はマーケティングですが、それとは別に第2専門を履修しなければならない仕組みでした。選択肢は経済学、社会学、心理学、オペレーションズ・リサーチ（計量分析）です。数学がもともと得意ではないので、経済学は難しい。心理学も科学的なアプローチが主流になっていたので避けたい。計量分析も肌に合わない。そう考えると、社会学には数値データに基づく定量分析もあるが、数値には表れない「質的」な側面に光を当てる「定性分析」もあり、一番やさしそうだと判断して選びました。ところが、当時のバークレー校の社会学は、大学院ランキングでトップの難関だったのです。

社会学は定量分析と定性分析のちょうど中間体でした。定性的でありながらも、サイエンスに近づこうとバランスを取る方法論です。定性的なものが理論にならないかというと、決してそうではありません。

指導教官は、社会学の大家、タルコット・パーソンズ（1902〜79年）の弟子だったニール・スメルサー、社会学の方法論の権威、アーサー・スティンチコームです。そこで「いかに理論をつくるか」を叩き込まれたのです。

授業では、社会学の優れた教材を10点選び、理論を提唱する論者が生きている場合には本人を呼んできて、どのように理論をつくったのかを聞き取るときもありました。いわば、社会学の優れた作品を生み出した、理論構築のケーススタディといえる授業でした。

初回の授業で取り上げられた題材は、社会学者、マックス・ウェーバー（1864〜1920年）の『プロテスタンティズムの倫理と資本主義の精神』（1904〜05年）です。ウェーバーは、プロテスタンティズムの精神が資本主義の精神を規定するという因果関係を示し、理論を構築しました。聖書を分析したり、資本主義の精神を体現した一つのモデルとして「時間は貨幣である」と唱えた米国の政治家、ベンジャミン・フランクリン（1706～90年）を参照したりしながら、質的な研究の方法論を確立しようとしたのです。

ウェーバーが打ち立てたルール

野中は、バークレーで叩き込まれた「理論構築の方法論」のエッセンスを『知識創造の方法論』（2003年）で紹介している。同書ではウェーバーの方法論に言及している。

ウェーバーは、人々の意図や動機といった主観に基づく行為が社会に影響をもたらすと考えました。ある行為の主観的な意味が、一般法則を介してではなく、個別の歴史的な関係を経て、ある結果を生むというのです。プロテスタントの職業労働への献身や禁欲が、合理的な資本主義を生み出したという命題も、こうした方法論から生まれました。

プロテスタントの禁欲的な倫理観が、欲望や利己心で動いているように見える資本主義をつくり上げたという命題は逆説的です。それは投機的な性格よりも、工業が中心の産業資本主義の特徴をよく表しています。資本主義の勃興期にプロテスタントになったのは、資本家、経営者や熟練労働者であり、宗教と経済の関係は歴史的な経緯で決まっていたとみられていました。カトリックは禁欲的で利益を求めず、プロテスタントは利益を求めて合理的に行動するというのが通説でした。ウェーバーはこうした通説を疑い、プロテスタントの禁欲主義こそ資本主義の原動力になったと主張したのです。

人間の主観が社会に影響を与えるという視点はユニークでしたが、社会学者も社会の一員です。したがって、社会に広がる価値観が研究にも影響を与えます。社会科学が人間と社会を対象とする以上、自然科学のように完全で純粋に客観的な立場はありえません。観察者の価値判断が研究にも反映してしまいます。

そこでウェーバーが唱えたのが「価値自由」という概念です。科学的な研究をするためには、自分の持つ価値観をいったん相対化し、事実の認識や判断と、自分の価値判断とを区別しなければならないのです。価値自由とは既存の価値観からの自由を指します。価値自由を実行するための手段が、「理念型」です。社会科学では絶対的な真理ではなく、理念型を構築すべきだと主張したのです。ウェーバーは、観察→仮説→実験→推理→検証という実証の手法を社会科学に適用するためのルールを打ち立てたといえます。

観察の知、フィールドワークの知

同書では、社会学の知として「観察」の知、フィールドワーク（野外調査）の知も紹介しています。フィールドワークは人類学だけではなく、社会学、経営学でも極めて重要です。異なる文化に直接参加し、現象を観察対象となる人々の視点のレベルから理解する技法です。

事物や現象の持つ意味を深層の構造のレベルから、創造的に把握していく知のあり方といってもよいでしょう。フィールドワークでは、調査者自身が調査対象の社会や集団に参加します。（＝参与観察）場合によっては長期間、住み込んで現場を観察し、調査研究をするのです。地域社会や集団の一員としての役割を演じながら、対象を観察・記述しなければなりません。インフォーマント（集団内の情報提供者）や集団との人間関係（ラポール）を築く必要があります、調査員が集団と一体化してしまうと客観的な観察が難しくなる恐れがあります。

現場では、五感を駆使して情報を集めます。適切な課題を設定し、問題が徐々に「構造化」されるのが望ましい。現場での仮説形成です。現場で観察を続けるうちに課題設定そのものが変化する場合もあります。生きている知の本質を把握するために、観察対象とする社会や集団の生活や現象の潜在的な構造を、五感を通じて感得しつつ、記述し、構造を明らかにしようとします。

フィールドワークの手法は、経営学におけるケーススタディの手法との共通点が多いのです。同書では、経営学者の沼上幹の『行為の経営学』（２０００年）にも触れています。データによる実証的研究方法の限界を示し、一般法則の発見よりも個別事例に基づくメカニズムの解明を訴えています。ケーススタディはフィールドワークの知に通じるものであり、経営現象から導き出された個々のシステムを経営に反映していくという視点は、経営学の新たな地平を切り拓くものです。

私自身もフィールドワークの手法を研究活動に取り入れてきました。『アメリカ海兵隊』では海兵隊のハワイの基地、『史上最大の決断』では上陸作戦の舞台となったフランスのノルマンディー、『知略の本質』ではベトナム戦争の激戦地の一つであるディエンビエンフーに足を運ぶなど、現場で五感を駆使して情報を集めています。

米国に留学したのは、最先端の経営学の理論を学んで「理論武装」をするためでした。そうして様々な理論を習得し、現場の様々な知（アート）をサイエンスに変換するプロセスに接するうちに、そのプロセス自体に新鮮さを感じ、もっと追求したいとの思いが強まりました。バークレーの社会学の講座で学んだ知の技法は、私の研究手法のベースとなっています。理論をつくるというのは、こんなに面白いのかと思ったのです。

実践的推論という基盤

私がバークレー校で学び、現在も研究の基盤としている社会科学（社会学）の方法論である「実践的推論」を要約しておきましょう。

観察やフィールドワークを通じて、行為の現場・現象が立ち現れるままに受け入れ、そこから仮説を創出し（アブダクション）、メタファーを使いつつ、背後にある構造や因果関係を発見します。演繹、帰納も駆使し、知識を創り上げるのです。その過程で事物を多面的、複合的に見ながら弁証法的に総合していきます。

アブダクションとは何か。米国の哲学者、チャールズ・サンダース・パース（1839～1914年）は、科学的推論は仮説推論（アブダクション）または遡行推論（リトロダクション）、演繹、帰納という3段階をスパイラルにたどることで真理を探究できると唱えました。

帰納（インダクション）＝「仮定Aが結論Bを伴う」いくつかの事例を観察し、「AならばBである」という法則を推論します。

演繹（ディダクション）＝「AならばBである」という法則から、「仮定AならばBである」という結論を導きます。

仮説推論（アブダクション）は、遡行推論（リトロダクション）とも呼びます。結論Bに法則「AならばBである」を当てはめて仮定Aを推論します。結果からさかのぼって原因を推測する論理です。帰納法が観察可能な事象を一般化するロジックであるのに対し、アブダクションは（多くの場合）観察可能な事象から直接観察することが不可能な原因を推論します。

帰納と演繹を統合、あるいは超えていく試みを通して、帰納でも演繹でもとらえきれない、現象の背後にある真理を把握しようとするのです。

この方法論は、知識を創造したいすべての個人や組織に通用するし、私が後に生み出す「知識創造理論」のプロセスにも当てはまります。現在のような危機の局面でこそ、この方法論を有効に活用すべきではないでしょうか。

最後の難関、最終試験

アーサー・スティンチコームから理論づくりの方法論の指導を受けた私にとって難関は最終試験でした。既存の理論を題材にして自分なりの理論やコンセプトをつくり上げ、論文にしなければならなかったのです。スティンチコームが講義で取り上げた「集権性と分権性」というコンセプトに興味を抱き、コンティンジェンシー理論を参考にしながら「組織多様性」「市場多様性」というコンセプトをつくり、論文をまとめました。予想以上の高い評価を得て難関を通り抜けることができたのです。この論文は博士論文の原型となり、日本に帰国後に日本語でまとめた『組織と市場』の基盤になりました。

「理論は自らつくるもの」という姿勢を叩き込まれた私は、博士論文に取り組むときにもこの姿勢を貫きました。

博士論文には2通りの書き方があります。最も多いのは指導教官の理論や仮説の一部を検証する論文であり、いわば師匠の学説を継承する論文といえます。師匠の学説を忠実になぞるのだから、書きやすいし、論文の審査にも通りやすい。たいていの学生はこの道を選びます。もう一つは指導教官とは異なる視点を入れて完成させる方法ですが、審査は通りづらくなるし、場合によっては師匠との人間関係が悪くなってしまいます。私はあえて後者の道を選びました。

指導教官のフランセスコ・ニコシアは、ハーバート・サイモンの情報処理モデルを消費者の意思決定モデルに応用していました。サイモンにしてもニコシアにしても、個人を分析の単位とする理論でしたが、私は当時、隆盛しつつあったコンティンジェンシー理論の発想を取り入れ、組織を分析の単位としました。個人の情報処理モデルを組織に広げたモデルともいえます。

ここでニコシアは懐の深さを見せました。自分は論文の主査にはならず、組織論の教授を主査にしたのです。1972年、『*Organization and Market*』（組織と市場）というタイトルの博士論文が完成しました。「理論は自らつくるものだ」というスティンチコームの教えを実践した論文です。

『組織と市場』

帰国後に出版した『組織と市場』は、博士論文を邦訳しただけの著作ではありません。博士論文で提示した独自の理論を既存の理論と比較し、さらなる理論構築への意欲も示しています。

博士論文で提示したのは、組織と市場の関係を明らかにする理論です。1960年代になると、組織構造そのものではなく、組織と環境との相互作用を分析する研究が盛んになりました。分析の単位は組織であり、組織が環境にオープンシステムとして対応するとき、どのような構造や行動パターンを示すのかを解明しようとしたのです。

技術と組織構造に焦点を当てる研究者と、環境や市場と組織構造および行動の関係に注目する研究者が現れました。バーンズ＝ストーカー、ローレンス＝ローシュらのコンティンジェンシー理論は後者にあたります。

研究者たちは、あらゆる環境に対応できる唯一、最善の組織構造はないという命題を導き出しました。最適な組織構造は、置かれた状況によって「機械的」にも「有機的」にもなりえます。「分化」にも「総合」にも、あるいは「集権」にも「分権」にも向かうのです。

私はこうした潮流を踏まえ、組織と市場の関係に焦点を当てた理論を構築しました。組織に最も強い影響を与えているのは技術や環境一般ではなく市場ではないか、と考えたためです。組織と市場の関係をとらえた先行研究はわずかながらあり、環境要因として市場の不安定性を重視していましたが、市場の不安定性とは何を指し、市場の不安定性がなぜ、組織構造に影響を及ぼすのかを解明できていませんでした。

そこに踏み込むためには、組織と市場の関係を表す概念をつくり、さらにその概念を分析が可能な変数にする（操作化する）必要があります。ハーバート・サイモンが指摘したように、組織とは意思決定の構造を持ちます。市場の多様性は、組織が様々な情報をもとに意思決定するプロセスに影響を与えます。したがって市場の多様性に対応するために組織も多様性を備えるようになると考えたのです。

市場の多様性は異質性と不安定性という2つの側面を持ちます。異質性は情報源の数、各情報源に送受信する情報量という2つの指標、不安定性は情報の信頼性と情報フィードバックの時間幅という2つの指標を使って変数にしたのです。

『組織と市場』はサイモンの意思決定理論をベースにした著作ですが、同書では、別の流れで生まれてきた経営理論についても取り上げ、自らの理論の位置づけを明確にしています。

私は後に、独自の知識創造理論を生み出しましたが、理論を完成したらそれで終わりということはなく、現実の世界を常に観察しながら、自分が生み出した理論が現実をうまく反映しているのかどうかをチェックし、必要があれば修正・補強しています。

アージリスの批判

現在までの組織論の展望は、組織研究者の関心が個人の運動から集団へ、集団の運動から組織全体の運動へ、つまり分析レベルのミクロからマクロ化への重点移行という潮流の認識の上に成立している。組織論の初期の段階では組織の最もミクロな構成要素である個人をいかに統制するのか、あるいはいかに動機づけるのかに研究者の関心が向けら

れていた。(『組織と市場』278~279ページ)

フレデリック・テイラーは科学的な管理法で、作業者(個人)を統制しようとしました。エルトン・メイヨーらも作業者を分析の中心にすえる産業心理学の接近法を採用しましたが、集団は個人には見られない独自の運動をすることを発見し、作業集団の形成が人間の動機づけに大きな力を発揮すると指摘したのです。彼らの人間関係論は集団の運動法則を解明できませんでしたが、一つのイデオロギーとして1950年代の米産業界に広がりました。

集団現象の研究を進展させたのは別のグループであり、集団のメンバー間の相互作用の研究が活発になりました。レンシス・リッカートの理論も集団の運動法則の延長線上にあるモデルです。人間関係論の土台は産業心理学から社会心理学に交代しました。しかし、集団現象の研究では、集団の単なる加算ではない組織現象を十分に解明できません。

野中は経営学の流れをこう総括し、組織社会学をベースにした組織研究が必要だと訴えるのだが、人間関係論は時代遅れになったというような書き方はしていない。それどころか、組織社会学による接近法を批判する米経営学者、クリス・アージリス（1923～2013年）の主張を詳しく説明している。

批判のポイントはいくつかあります。列挙してみましょう。

①社会学者は組織を全体として取り扱うが、個人、個人間、集団要因とそのダイナミックスを無視している

②社会学者は、最小のリスクで最大の利益を得られるような構造を持つ環境を好むような合理的で市場志向が強い人間像を仮定している。しかし、人間には責任感もあり、創造的であると同時にたびたびフラストレーションを感じ、防衛的にもなる欲求志向の生物であり、組織の条件に様々な感情的、欲求充足的な方法で応答する

③社会学者は、組織における社会心理学的な要因を指摘するが、それらを拡大しようとしない

④社会学的組織論は1次元である。人間の成果に対する組織構造の影響だけを見て、個人が組織に与える影響を見ていない

⑤社会学的データは個人データの単なる集計であって、個人のデータを無視する

⑥社会学者は非公式組織を無視する

⑦社会学者は組織の主要な決定要因を一つに削減する傾向がある。例えば、技術を主な要因とみる論者は、他の要因、例えばリーダーシップ、統制、規程、人間的統制などを無視している

⑧多くの社会学的理論は静的、相関分析から生まれているが、この分析は変数間の関係を示すことができても、相関関係の底にあるプロセスと人的ダイナミックスを示すことはできない

聞こえない人間の息遣い

人間関係論から組織論へとシフトしていった社会学をベースにした経営学に対する痛烈な批判です。あえてこうした批判を取り上げたのは、ハーバート・サイモンの意思決定理論やコンティンジェンシー理論をベースにした理論をつくり上げたものの、人間関係論が提起する人間の価値観や動機づけといった要素を捨象しているという自覚があったからです。

もともと米国から日本に流入していた人間関係論を知ったことが経営学に目覚めたきっかけであり、留学後も関心を持ち続けていました。それだけに、アージリスの批判は胸に刺さったのです。

サイモンによると、組織内にできる階層は、完全には合理的に行動できない人間が、満足化基準で我慢するための装置です。コンティンジェンシー理論では、組織は自身が生き延びるために、環境の不確実性に対応する構造を自らつくると説明します。組織が環境の変化に自動的に対応するイメージであり、確かに人間の息遣いは聞こえてきません。

サイモン理論をベースに、組織を分析の対象にした以上、ミクロの人間関係論を捨象したのは、研究者として避けられない道でした。しかし、サイモン理論とコンティンジェンシー理論を下敷きにして完成させた博士論文では、触れたくても触れられなかった問題があるという意識を持ち続けた結果、後の研究につながったのです。

環境適応理論には人間関係論はなかなか入ってきません。本来なら組織の構造だけではなく、人間の動機づけも適応理論のなかに入れなくてはなりません。しかし、その部分はモデルのなかにも入れませんでした。ミクロの部分をモデルに入れると説明が難しくなるからです。環境適応理論から人間関係論の側面を捨象したことは、忸怩たる思いとして残りました。

われわれは組織と市場の関係を説明するのに基礎的なサイバネティクスの考え方を採用し、構造的、社会学的、エンジニアリング的接近法を基本としてきた。われわれの理論で仮定する人間に対するイメージは、サイモン同様人間は情報プロセッサーにすぎない。われわれの理論の分析単位は組織であり、その展開過程で集団にまでおりてきたが、個人の動機には全く触れなかったのである。分析の焦点が組織レベルに展開したときに、そのことは暗黙裡に従来開拓されてきた個人、集団の理論も包含した組織の統合的理論構築の必要性を示唆しているのである。(『組織と市場』285ページから抜粋)

組織心理学と組織社会学の統合を求められていると受け止め、個人、集団、組織の分析を可能にする統合理論が必要だとの認識に達しました。そして、統合理論は個人、集団、組織の各レベルの運動に関する明確な概念と方法論を持ち、学際的接近法を基本とするだろうという展望を示して『組織と市場』を締めくくりました。

日本では珍しかったヨコのつながり

経営学は解釈学ではなく、科学であるという発想をもとに完成させた『組織と市場』は、日本の若手学者を刺激しました。帰国して南山大学に就職した私のもとに、若手の学者たちが集い、研究会が発足しました。神戸大学の加護野忠男、慶応大学の奥村昭博らです。今でこそ、研究者が共同研究をするのは珍しくありませんが、当時の経営学界はタテ型の構造でした。師弟関係が非常に厳しかったため、異なる大学に所属する研究者同士がヨコのつながりで研究会を開くのは珍しかったのです。

繰り返しになりますが、私は留学中に互いに協力し合い、ライバルでもある相手を見つけ、「ペア」になる利点を実感しました。不特定多数の人と儀礼的に付き合うのは苦手ですが、「これは」という相手とじっくり付き合うのは好きであり、共同研究に集まったメンバーは後者にあたります。

とにかくメンバーがよく会い、一緒にいる時間を増やして議論を尽くします。「知的コンバット」を重ねるうちに頭と体の共同体が完成します。全身全霊で相手と向き合い、完全に相手の視点に立ちます。そうした努力の末に成果が生まれるのです。

私の業績をみると、学術論文、一般の著作ともに共著が多いのが特徴です。米国からの帰国後、若手研究者の共同研究会がスタートしたように、私のもとにはなぜか、人が集まり、プロジェクトが立ち上がります。一つひとつのプロジェクトが結実するまでには長い時間がかかっていますが、様々なプロジェクトを同時並行で走らせているために、結果として多くの成果が生まれています。

ミクロの人間関係論とマクロの組織論を統合

『失敗の本質』もまさに共同研究の賜物だ。防衛大学校での共同研究にも、それまでに身につけた共同研究の作法を持ち込んだのである。

1978年、5人の共著『組織現象の理論と測定』が完成しました。同書では、これまでの経営学をレビューしたうえで、ミクロの人間関係論とマクロの組織論を含む「統合的コンティンジェンシー・モデル」を提示しています。

「統合的コンティンジェンシー・モデル」とは何か。その構造を簡単に説明しましょう。「環境」は「コンテクスト（文脈）」を通じて「組織」に影響を及ぼします。「組織」を構成する「組織構造」「個人属性」「組織過程」が相互に作用しながら、組織としての目標を達成します。組織がどの程度目標を達成できたか（「組織有効性」と呼びます）は、環境やコンテクスト、組織内部にフィードバックします。

モデルを構成する要素をもう少し詳しく説明しましょう。

環境は、政治、経済、文化、社会といった幅広い「一般環境」と、製品市場のように組織の意思決定に直接の影響を及ぼす特定の「タスク環境」、ある組織が活動するときに他の組織との間で生まれる関係「組織間環境」、組織の認知プロセスを示す「創造環境」からなります。

コンテクストは、環境と組織の間に入り、組織の内部に影響を及ぼします。目標・戦略、規模、技術、資源などで構成するコンテクスト自体は組織の境界内に存在しますが、いわば組織の下部構造であり、組織の内部にある要素とは区別しています。

組織構造は、組織内の分業や権限関係の安定したパターンを示します。組織のメンバーが広く認知する組織風土も含まれます。

個人属性とは、組織のメンバーが持つ個人の特質であり、欲求、モチベーション、価値観、パーソナリティーを指しています。組織過程とは、リーダーシップ、意思決定、パワー（権力）、コンフリクト（摩擦）の解消などが該当します。これは、個人、集団、組織、環境をダイナミックに結びつける連続した行動です。

こうしてみると、このモデルには、個人の欲求やモチベーションといった人間関係論が提示してきた概念が含まれており、経営学の成果をほぼすべて取り込んだともいえます。

統合的コンティンジェンシー・モデルは、概念図としては組織構造（社会学的アプローチ）、個人属性（心理学的アプローチ）、組織過程（社会心理学的アプローチ）の統合を試みています。コンティンジェンシー理論のイメージは、基本的にはホリスティック（包括的）です。システムモデルかゴールモデルか、環境決定論か戦略的意思決定論かという問題提起がありますが、長期的には前者、短期的には後者に比重を置いています。

組織構造、個人属性、組織過程が相互作用をしながら組織の成果を生み出すのです。組織から生まれた成果は環境、コンテクスト、組織の内部にフィードバックしていきます。このサイクルを繰り返しながら組織は環境に適応していくというのが、このモデルの基本的な発想です。

逆の見方をすれば、成果を生み出せる組織とは、コンテクスト、組織構造、個人属性、組織過程がバランスを取りながら環境に適合できる組織だといえます。

環境やコンテクストは当然ながら時々刻々と変化します。だとすれば、そのときどきの環境やコンテクストに組織の内部が適切に対応しているかどうかが、常に問われるのです。

理論検証のステージへ

こうして統合的コンティンジェンシー理論は完成したが、話はここでは終わらない。われわれは組織現象の理論化のみならず測定にも関心をもつ。われわれは理論構築に際してのパラダイムないし領域仮定の重要性を指摘したが、パラダイムの選択は当然のことながら主要概念、概念間関係、ならびに方法論の選択と密接なかかわりをもっている。わが国では概念の測定についての知的伝統は希薄であったと思われるが、概念の操作化に関しては明確な方法論を装備しなければならない。(『組織現象の理論と測定』18~20ページ)

実証研究を通じて理論を構築したら、今度はその理論に基づいて作成した指標などを活用して現実を測定し、分析する作業が待っています。日本では理論構築、測定の両面で後れを取っていました。測定というと、定量的な数値分析のイメージが強いですが、測定の方法論はそれだけではありません。

(組織現象を測定する) 方法論には2つの支配的戦略がある。実証主義と現象主義である。実証主義は組織現象の事実ないし原因を探索し、個人の主観的状態には関心を払わない。これに対し、現象主義は組織の人間行動を行為者自身の準拠枠から理解しようとする。われわれは、組織現象の測定という時に、定量的方法に加えて定性的方法があることを忘れてはならない。定性的方法は記述的データ(人々自身が書いたり話したりしたことば、観察可能な行動）を生み出す調査手順であり、その主たる方法は参加観察法や個人的ドキュメント（日記、手紙、自伝、自由面接など）である。（『組織現象の理論と測定』21～22ページ）

こうして私は、サイモン理論とコンティンジェンシー理論をベースに共同研究者と議論を重ねながら「統合的コンティンジェンシー理論」をつくり上げました。時々刻々と変化する外部環境に、組織はどのようなメカニズムで対応し、生き延びていくのかを解き明かしています。博士論文では捨象せざるを得なかったミクロの人間関係論も含む包括的な理論だといえます。

ただ、ここで終わっていたら、自前の理論は宝の持ち腐れとなります。定量的手法と定性的手法を駆使して統合的コンティンジェンシー理論の実証研究を推進する必要があります。日本軍の失敗の研究は、自らつくり上げた理論が有効かどうかを試す絶好の機会でした。

第　2　章

実現

『失敗の本質』の要諦

戦史に関わる研究のプロジェクトを主導してきた野中は1982年、一橋大学に移籍した。実証研究を強化したいと考える一橋大学商学部付属産業経営研究施設（現・一橋大学イノベーション研究センター）の所長、今井賢一からの誘いだった。研究会のペースはやや落ちたが、泊りがけの合宿を何度かして補い、作品を仕上げていった。

研究チームのメンバーは、研究プロジェクトの成果を一般読者、とりわけビジネスパーソン向けの書籍として出版したいと考えていました。戦史や経営学の専門家が集まった研究プロジェクトではありますが、新たな史実の発見を目指したわけではありません。様々な文献にあたり、当事者へのインタビューを重ねてはきましたが、学会で発表するような内容ではないと当初から認識していました。

そして、ようやく完成したものの、出版に至るまでには苦労しました。ダイヤモンド社に原稿を持ち込みましたが、営業サイドからは「題名が暗い」と注文がつきました。私が偶然、ダイヤモンド社の新社長と旧知の間柄であったことも作用し、1984年、何とか最低部数での発刊にこぎつけました。

当初は営業サイドの読みが当たって反応が鈍かったのですが、後に複数の国で大使となる岡崎久彦氏が週刊文春に好意的な書評を寄せたのをきっかけに売れ始め、ベストセラーとなったのです。岡崎氏とは面識がなく、書評を掲載する前に突然、「この本、面白いから、紹介しますよ」と電話をかけてきたのです。同書には岡崎氏の著書『戦略的思考とは何か』が参考文献として2カ所に登場しています。同氏の発想を参考にしており、同書を読んで共鳴したのかもしれません。

ガダルカナル作戦4つの敗因

『失敗の本質』の概要と、その要諦を章別に解説してもらおう。

『失敗の本質』は、日本とソ連の間に起きたノモンハン事件（1939年）、第2次大戦のミッドウェー、ガダルカナル、インパール、レイテ、沖縄の計6つの作戦の経緯を克明に追っています。6つの作戦は日本軍が惨敗を喫した典型的な失敗事例であり、失敗の事例研究というタイトルをつけました。各作戦に1章ずつさいて記述し、末尾にはそれぞれアナリシス（分析）という節を設け、敗因を探っています。

例えば、私が担当したガダルカナル作戦のアナリシスは、4項目からなっています。

1つ目は、戦略的グランドデザインの欠如です。米軍には、ガダルカナル島の攻撃が日本本土直撃への足掛かりになるという基本的なデザインがありました。一方、日本の帝国陸軍は主力を中国に置き、重慶攻略作戦によって、米軍を中心とする連合軍に対抗し、不敗体制を確立しようとしていました。したがって主要な攻略地域は重慶・インド洋方面であり、海軍のソロモン海域への作戦を軽視していました。太平洋は海軍の担当であり、関心を持っていなかったのです。

日本海軍は、米艦隊の主力をソロモン海付近で撃滅し、戦争を終結させようとしました。航空基地があるガダルカナル島奪還は主力決戦を成功させる条件とみていたのです。しかし、米軍が陸・海・空軍を統合した水陸両用作戦を開発していたとは知らず、太平洋諸島の攻防について深く研究はしていなかったのです。

日本軍全体として、どのように作戦を展開するかというグランドデザインがないままに、陸軍と海軍がバラバラに、かつ現実味がない戦争終末観をもって行動していました。それが、ガダルカナル作戦では、序章でも触れたような一木支隊の投入から始まる戦力の逐次投入という不毛な戦い方を招いたのです。

2つ目は、攻勢終末点からの逸脱です。日本陸軍は敵軍に勝利したら、そこから物資を奪取すればよいと考えていました。海軍は米海軍の撃滅が目標であり、補給物資を輸送する船舶を護衛する任務を重視していませんでした。ガダルカナル島は東京から6000キロの海洋を隔てた遠方にあり、そもそも攻勢の限界を超えた地でした。

3つ目は、統合作戦の欠如です。米軍は、緊密な情報システムのもとに組織間でよく連絡が取れていたのに対し、日本側は陸軍と海軍がバラバラの状態で戦い、戦力を短時間、少しずつ投入していました。物資の補給も不十分だったのです。

第4は、第一線の部隊に自立性が認められず、作戦司令部への情報のフィードバックが欠如していた点です。日本の作戦司令部には兵站や情報力、科学的な思考を軽視する風潮がありました。戦略を策定するときは、硬直した官僚的な思考のままに机上でプランを練ったために、抽象的な内容になりがちでした。

それでも、戦闘の現場で日本軍が作戦をかなりの程度まで遂行できたのは、戦闘部隊の訓練が行き届き、戦闘技術を磨いていたからです。陸海軍の部隊は、血のにじむような訓練を通じて戦闘技術を向上させ、粗雑な戦略であっても、練達の戦闘技術によってカバーし、戦果を挙げてきました。

戦闘部隊の現場での経験を司令部にフィードバックするシステムはなく、個々の経験が戦略や戦術の策定には反映されませんでした。大本営のエリートは現場に出る努力をしなかったのです。

4つの要因が重なり、組織内で合理的な判断ができませんでした。作戦の選択肢もなく、ひたすら全軍突撃を敢行する戦術を墨守したと総括しています。ガダルカナル島作戦の敗因分析だけをみても、日本軍が組織として抱え込んでいた問題点がくっきりと浮かび上がります。とりわけ、4つ目の要因のなかにある、日本軍は戦闘部隊の訓練が行き届き、戦略の不備をかなりカバーしていたという記述は、日本軍の弱みだけでなく、強みにも目を向け、組織の特質をとらえています。

戦略上の失敗要因分析

『失敗の本質』の第2章では、6つの作戦の敗因を整理し、「戦略上の失敗要因分析」と「組織上の失敗要因分析」に大別して説明している。

戦略の失敗の筆頭に挙がるのが、戦略目的のあいまいさです。どんな軍事上の作戦でも、明確な戦略や目的が存在しなければならず、目的のあいまいな作戦は必ず失敗します。軍隊という大規模な組織を明確な方向性を欠いたまま指揮し、行動させるからです。

ところが、日本軍の作戦計画はかなり大まかであり、細部は中央部の参謀と実働部隊の参謀との間の打ち合わせで詰めるのが通例であったといいます。詰めが甘いままに戦闘に突入すれば、実働部隊が右往左往するのは当然でしょう。

司令部と現地軍は戦略思想を統一する努力をせず、司令部は現地の状況の変化に鈍感でした。現地軍が独自に作戦の基本方針を変更する事例も頻発しました。目的のあいまいさは個々の戦闘だけでなく、戦争全体を覆っていました。日本軍は戦争をどのように終わらせるのかという目標が明確ではなかったのです。

戦局が厳しさを増しているなかでも主観と独善によって希望的な観測を持ち続け、あいまいな目的のもとで戦闘を継続した日本軍は、現実と合理的な論理によって漸次、破壊されました。日本軍には、個々の作戦を有機的に結合し、戦争全体をできるだけ有利なうちに終結させるグランドデザインが欠如していたのです。

次に挙がるのが、短期志向です。戦争資源の調達力に大きな差があると自覚しながら米国との開戦に踏み切ったのも、初期の戦いで勝ち、南方の資源地帯を確保すれば、米国は戦意を喪失し、講和を獲得できるといった見通しを漠然と描いていたからです。

短期決戦志向は攻撃重視、決戦重視の考え方にも通じます。他方で、防御、情報、諜報には関心が低く、兵力の補充や補給・兵站を軽視します。戦争が長引くにつれて、当然ながら短期志向はもろさを露呈しました。

「空気の支配」も、日本軍の戦略策定を特徴づけるキーワードの一つです。日本軍は事実から法則を析出するという本来の意味での帰納法を持たず、戦略を決めるときには多分に情緒や空気が支配する傾向がありました。神話的思考から脱しきれず、科学的思考を共有していませんでした。精神力や駆け引き的運用の効果を過度に重視したのです。

グランドデザインの欠如と表裏一体の関係ですが、日本軍は、状況ごとに場当たり的に対応し、結果を積み上げていく思考方法が得意でした。「独特の主観的なインクリメンタリズム（積み上げ方式）に基づく戦略策定」という言葉で表現しています。

場当たり的な対応に終始した背景には、日本軍のエリートには、概念の創造とその操作化（概念を分析が可能な変数にすること）ができた者はほとんどいなかったという事実があります。個々の戦闘での、「戦機まさに熟せり」「決死任務を遂行し、聖旨に添うべし」「天佑神助」「神明の加護」「能否を超越し国運を賭して断行すべし」といった抽象的かつ空文虚字の作文には、具体的な方法が欠けていました。

「概念の創造とその表出化」は、私が米国留学で身につけた方法論です。研究者人生を貫く柱となっていますが、これは研究者だけに求められる方法論ではありません。あらゆる人と組織に通用する方法論だといえるでしょう。近代戦に関する戦略論の概念もほとんど英・米・独からの輸入でした。

概念を外国から取り入れること自体には問題はありません。問題は、概念を十分に咀嚼し、自らのものとするように努めなかったことです。そのなかから新しい概念の創造へと向かう方向性が欠けていました。

日本軍エリートの学習は、現場体験による積み上げしかなく、既存の枠組みのなかでは力を発揮しますが、その前提が崩れるとコンティンジェンシー・プランがないばかりか、まったく新しい戦略を策定する能力がなかったのです。

これは日本軍の描写ではありますが、私が経営学の世界に足を踏み入れた1970年代以来、日本の学界に対して抱いた印象とまったく同じです。日本軍が持っていた組織的な特質は戦後も日本の組織全般に引き継がれたというのが、『失敗の本質』の主張です。日本の経営学界という一般の人には縁が薄い世界ですら、日本軍の組織的な特質が浸透していたのです。日本軍のエリートと、現在の経営学者たちの共通点に気づき、日本の組織が抱える構造欠陥の根深さを痛感しました。

新しい戦略を策定する能力がなければ、戦略のオプション（選択肢）は狭くなります。戦闘開始後、一気に勝利を収める奇襲戦法を好みましたが、失敗したときの対応策が欠けていました。陸軍に比べれば米国を仮想敵国として戦力を蓄えてきた海軍でさえ、開戦時の連合艦隊の作戦計画は伝統的な艦隊決戦と、山本五十六長官の真珠湾攻撃の妥協案であり、南方要地を占領・確保した後の第2弾、第3弾の作戦がなかったのです。

本来なら、急襲に失敗したときに備え、確実な防衛線を構築して後退作戦に転換するためのコンティンジェンシー・プランがなければならないはずです。敵の戦力を過小に評価し、自軍を過大に評価することでプランを作成せず、その場しのぎの作戦に終始したのです。

日本軍が持つ戦闘技術の体系にはアンバランスが目立ちました。日本陸軍の兵器・戦闘技術の水準は、日露戦争や第1次大戦の段階にとどまるものが多かったのです。海軍は一部、米軍をしのぐ兵器を開発していましたが、一点豪華主義であり、平均すれば旧式でした。無線、電話、レーダーといった通信・技術システムを含めた総合的な技術体系ができていなかったのです。

レイテ海戦で初めて戦闘に加わり、砲弾の威力を発揮しないままに反転し、沖縄戦で戦艦特攻として出撃途上に撃沈された巨艦「大和」は、アンバランスな技術体系の典型でした。

もう一つの典型例が「零戦」です。長大な航続力、スピード、戦闘能力は世界最高水準でしたが、日本の技術陣の独創というよりも、それまでに開発された固有技術を極限まで追求して生まれたイノベーションでした。戦闘機としての攻撃力を増すために防御性能を犠牲にし、ぎりぎりまで軽量化しました。材料の入手と加工が極めて困難で、大量生産ができませんでした。これに対し、米軍が開発したグラマンＦ６Ｆ「ヘルキャット」は、徹底した標準化で大量に生産されたのです。

組織上の失敗要因分析

これに続き、日本軍の組織上の敗因を、組織構造、統合、学習、評価の４つの側面から分析する。

組織構造の面では、「幕僚統帥的な動き」が顕著でした。その典型がノモンハン事件です。出先機関である関東軍は、随所で中央部の統帥を無視あるいは著しく軽視しました。中央と現地が地理的に隔たり、かつ両者の間の意思疎通が必ずしも円滑にいきません。本来なら中央がしっかりと戦略を練り、現地に明確な指示を下すべきなのに、作戦終結という重大局面に至ってもなお微妙な表現で意図をそれとなく伝える方法をとりました。

これはすでに述べた、「戦略のあいまいさ」にも通じる問題です。なぜ、日本軍はこんな組織になってしまったのでしょうか。日本軍は、戦前は高度の官僚制を採用した合理的な組織だったにもかかわらず、その実体は官僚制のなかに情緒性を混在させ、インフォーマルな人的ネットワークが強力に機能する特異な組織になっていたのです。

第2次大戦が始まる前には特に問題を起こさずにすんだ日本軍は、高度な官僚組織ではありましたが、巨大な組織のところどころに存在するインフォーマルな人間関係が力を持ち、現場の暴走を黙認する組織になっていました。

戦闘では、中央部が限られた時間のなかで垂直的に権限を行使しなければならないのに、階層に従った意思決定システムは効率よく機能せず、根回しと腹のすり合わせによる意思決定がはびこっていました。

こうした特質は「集団主義」と呼べるでしょう。個人と組織を二者択一のものとして選ぶ視点ではなく、組織とメンバーが共生するために、人間と人間の関係（対人関係）それ自体が最も価値あるとする「日本的集団主義」に立脚しています。そこでは、組織の目標と、目標を達成する手段の合理的、体系的な形成・選択よりも、組織メンバー間の「間柄」への配慮を重視します。その結果、作戦の展開や終結の意思決定が遅れ、失敗をもたらしたのです。

ここで指摘している「日本的集団主義」こそ、第2次大戦前から存在し、戦後も生き残って、日本の多くの組織に引き継がれた「組織的特性」の核心です。

大規模な作戦を計画し、準備、実施するためには、陸・海・空の兵力を統合し、一貫性と整合性を確保しなければならないのです。ところが、陸海軍の間には、戦略思想の相違、機構上の分立、組織の思考・行動様式の違いなどの根本的な対立が存在し、容易には一致しませんでした。作戦行動上の統合は、結局、一定の組織構造やシステムによって達成されるよりも、個人によって実現することが多かったのです。東条英機が1941年に首相と陸相を兼ね、44年には参謀総長も兼務したのは一例です。個人による統合は融通無碍な行動を許容する半面、原理・原則を欠いた組織運営を助長し、計画的・体系的な統合を不可能にしました。

「組織学習」に対する日本軍の意識の低さも敗因の一つです。組織として失敗に関する情報を蓄積し、伝播するリーダーシップもシステムも欠如していました。日本軍は精神主義に陥り、現実を直視しませんでした。敵の戦力を過小評価し、自己の戦力を過大評価したのです。事実よりも自らの頭の中だけで描いた状況を前提に情報を軽視し、戦略上の合理性を確保できませんでした。ガダルカナル島での正面からの一斉突撃のように、失敗した戦法、戦術、戦略を分析し、改善策を探求し、それを組織の他の部分へも伝播させることはありませんでした。物事を科学的、客観的にみるという基本が欠けていたのです。

組織学習にとって不可欠な情報の共有システムも欠如していました。中央部は現場から物理的にも心理的にも遠く離れ、教条的な戦術しか取れません。同じパターンの作戦を繰り返して敗北しました。ガダルカナル島での失敗は日本軍の戦略・戦術を改めるべき最初の機会でしたが、それを怠ったのです。

「成功」の蓄積も不徹底でした。勝利から勝因を抽出し、戦略・戦術の新しいコンセプトを展開し、理論にする努力をしなかったのです。

日本軍の敗因分析がメインのテーマではありますが、随所で成功する組織とはどんな組織なのか、にも言及しています。その多くは、日本軍に勝利した米軍をイメージした描写ですが、両者を比較すると論点がさらに明確になります。日米比較の視点については改めて取り上げます。

日本軍の教育のあり方にも触れています。教育を重視したという点では、日本軍は外国軍隊に比べて劣ってはいませんでした。士官学校、陸軍大学校といったプロフェッショナルな養成機関があったからこそ、日本軍は短期間で軍事力を強化し、西欧の列強と並ぶ地位を占めたともいえます。

しかし、日清・日露戦争の終結後、時間が経過するうちに、問題は絶えず教科書や教官から与えられ、目的や目標自体の創造、変革はほとんど求められませんでした。目的や目標だけでなく、方法や手段も所与とされました。学生は暗記に努めたのです。

日本軍の組織学習は目標や問題を所与とし、最適解を選び出す「シングル・ループ学習」でした。本来は、目標や問題の基本構造を再定義し、変革するダイナミックなプロセスが存在します。組織が長期的に環境に適応するためには、自己の行動を絶えず変化する現実に照らして修正し、学習する主体として自己革新あるいは自己超越する行動を取る「ダブル・ループ学習」が不可欠なのです。

ここで一点、補足しておきます。『失敗の本質』では、日本軍の組織学習の欠点を指摘しましたが、後に生み出した「知識創造理論」の視点に立つと、新たな知識を創造できずに敗戦へと向かった日本軍の組織特性がより明確になります。

最後の要因は、人材の「評価」です。結果よりもプロセスを評価した結果、次々と平地に波乱を巻き起こす猪突性を助長したのです。戦闘の結果がすべてなのに、リーダーの意図や、やる気を評価しました。個人の責任が不明確になり、評価があいまいになります。組織学習を阻害し、論理よりも声が大きい人間の突出を許容しました。作戦の結果を客観的に評価せず、情報を蓄積しません。巨大な官僚組織の内部で下克上を許容することにもなったのです。

海軍にはハンモックナンバー主義と呼ばれる将校の序列・進級制度がありましたが、成績万能の傾向が強かったのです。陸軍では参謀とその他のグループという二本立て人事が存在し、声の大きな人間が評価されました。一種の情緒主義が蔓延していたのです。

コンティンジェンシー理論を日本軍の分析に適用するが限界も

第３章では、第２章の敗因分析を理論的に考察している。責任者は野中である。

この章では、コンティンジェンシー理論が生きています。すでに基本的なモデルができていたので、日本軍の分析に適用するのは難しくありませんでした。ハーバート・サイモンの情報処理モデルもベースにあり、環境の多様性には、組織の多様性をもって対応するという適応モデルです。ただし、新しい意味づけや価値づけ、イノベーションを生み出すメカニズムは入っていません。

第3章は、第2章までの分析を「統合的コンティンジェンシー理論」と照らし合わせて整理し、教訓を引き出しています。同理論は、企業を対象にする研究から生まれた理論ですが、企業とは異質な組織の分析にも適用できることを確認しながら、体系立てて日本軍の組織特性に切り込みました。

後日談になりますが、米国の経営学界で一世を風靡したコンティンジェンシー理論はやがて下火になりました。「すべてはコンテクストに依存する」という考え方は相対的であり、理論として成り立たないとの批判を浴びるようになったのです。私も90年代に独自の知識創造理論を生み出し、脱コンティンジェンシー理論へと突き進みましたが、現在もコンティンジェンシー理論の価値を認めています。

コンテクストとは環境あるいは状況とも言い換えられます。環境や状況の変化を考慮しながら知識を創造するという新理論の発想の原点は、コンティンジェンシー理論にあり、コンティンジェンシー理論はなお生きています。現代の経営学にも多くの示唆を与えているのではないでしょうか。

『失敗の本質』を執筆したのは、コンティンジェンシー理論が隆盛だった時期です。日本軍の組織特性を明確にするのに、同理論は大いに威力を発揮しましたが、限界もありました。

コンティンジェンシー理論の要諦は、環境の変化に対する組織の適応です。第2次大戦の勃発という環境の変化に、日本軍という組織はうまく適応できなかった結果、敗戦を喫したのです。

そのメカニズムを分析するのに同理論は鋭い切れ味を発揮しましたが、もう一歩踏み込み、それではどうすれば日本軍は勝てたのか、あるいは米軍が日本軍に勝ったのはなぜかを分析するには不十分だったのです。組織に焦点を絞った理論であるため、組織に属する個人はどう行動したらよいのか、という視点を捨象している点にも注意が必要です。

この問題は、後に紹介する「知識創造理論」を使えばうまく説明がつくのですが、同書を執筆した時点では私の手元には知識創造理論はなく、全体として敗因分析に軸足を置いた記述になりました。そもそも研究プロジェクトの目的は、日本軍の組織としての敗因分析であり、この時点ではそれで十分だったともいえるでしょう。

7つの基本概念

第3章の冒頭で、軍事組織の環境適応を分析する枠組みを紹介する。

組織の環境適応を分析するための基本概念は、環境、戦略、資源、組織構造、管理システム、組織行動、組織学習の7つからなります。これらが円滑に循環すれば組織は環境の変化に適応してよいパフォーマンスを示し、循環が滞れば環境適応に失敗します。日本軍は自らの戦略と組織を、その環境にマッチさせることに失敗したのです。

環境とは、国際情勢、国内情勢、軍事技術の発展段階、国家戦略といったマクロの環境から、作戦環境のようなミクロの環境までを含みます。環境は組織に対して機会や脅威を生み出し、何らかの意思決定やアクションを求めるのです。

組織の戦略とは、外部環境が生み出す機会や脅威に適合するように組織が資源を蓄積・展開する動きを指します。日本軍の戦略は、陸海軍ともにきわめて強力かつ一貫した「もののの見方」に支配されていました。陸軍は白兵戦思想、海軍は艦隊決戦主義にとらわれていたのです。

資源は人的資源、物的資源、技術、組織文化からなります。技術には兵器体系というハードウエアだけでなく、組織が蓄積した知識・技能といったソフトウエアの体系も含まれます。

組織文化とは構成員が共有している規範的な行動の仕方であり、戦闘のやり方と言い換えられます。日本軍は戦略に合わせて資源の蓄積を推進しました。陸軍は白兵銃剣主義に適合するため、人的資源の量を充実させました。半面、近代的な兵器や装備を十分に整備しなかったのです。海軍はハードの面では優秀な個艦を重視し、ソフトの面では少数精鋭、名人芸の奨励を強調しました。

日本軍は戦略を支援するように、組織構造、管理システム、組織行動からなる「組織特性」を設計しました。

組織構造の面では、日本軍は組織的な統合が弱かったのです。明治以来、陸軍はロシア・ソ連を仮想敵国と限定し、海軍は米軍を仮想敵国としていました。陸軍と海軍がバラバラに行動し、作戦に失敗した場面が何度も出てきます。

人事管理の基本は年功序列。陸軍士官学校や海軍兵学校を核とする教育システムを背景に、実務的な陸軍の将校と、理数系に強い海軍の将校がリーダー群となりました。両者ともにオリジナリティよりも記憶力の良さを重視する教育のもとで生まれたのです。

組織行動では、リーダーシップが問題になります。日本軍の構成員が接したリーダーの多くは、白兵戦と艦隊決戦という戦略の原型を何らかの形で具現化した人たちでした。リーダーたちは、部下に自らの体験を戦闘に直結する言葉や比喩を使って説いたでしょう。その結果、構成員は特定の「ものの見方」や行動の型を身につけていきました。

日本軍の組織学習は、既存の知識の強化に重きを置き、自己否定する学習ができなかったのです。

組織文化とは、組織が環境に適応した結果、構成員に明確にあるいは暗黙に共有されるに至った行動様式の体系です。組織が新たな環境の変化に直面したとき、これまでに蓄積してきた組織文化を変革しなければなりませんが、最も困難な課題といえます。

組織文化は、価値、英雄、リーダーシップ、組織・管理システム、儀式などの相互作用のなかで形成されます。日本軍では、白兵銃剣主義、艦隊決戦主義という戦略・戦術の原型が構成員の行動様式として徹底して叩き込まれていたのです。

環境への過剰適応で失敗した日本軍

7つの基本概念の分析を踏まえ、『失敗の本質』は大詰めの議論を展開します。組織が継続して環境に適応していくためには、主体的に戦略や組織を環境の変化に適合するように変化させせなければなりません。それができるのが「自己革新組織」だとの見方を示します。日本軍は自己革新ができない組織であったというのが結論です。

日本軍は環境に適応しなかったわけではありません。誠に逆説的ですが、「環境に適応しすぎて失敗した」ともいえます。ただし、第2次大戦の開戦後の環境に適応したのではなく、勝利を収めた日露戦争という「過去の成功体験」に過剰適応した結果、自己革新ができない特殊な組織になっていたのです。

それでは自己革新組織になるための条件は何でしょうか。環境を利用して絶えず組織内に変異、緊張や危機感を発生させる「不均衡の創造」、構成要素の自立性の確保、不断に現状の創造的破壊を実行する「自己超越」、異端・偶然との共存、知識の淘汰と蓄積、統合的価値の共有が条件です。

日本軍がこうした条件をすべて満たさず、米軍がすべて満たしていたと断言するのは酷でしょう。しかし、一つひとつの条件を吟味してみると、確かに日本軍には多くの条件が欠けていました。

日本軍は逆説的ですが、きわめて安定した組織だったのではないでしょうか。日露戦争での日本海海戦の「大勝利」から時間が経つにつれて組織が硬直化し、ハングリー精神が薄れた海軍と、日中戦争の個別戦闘での勝利を反覆し、組織内に驕りが満ちていた陸軍。日本軍は完全な均衡状態の下で、「環境に適応しすぎて失敗した」という命題を導き出しました。日本軍は、平時から戦時に瞬時に転換するシステムを備えていなかったのです。

同書は、日本軍の敗因を分析した後、日本企業の組織特性について論じて全体を締めくくっている。日本軍が持っていた組織特性は戦後も様々な組織のなかで生き残り、とりわけ日本企業にその傾向が強い、というのが野中らの見方であった。

第 3 章

展開

失敗から強さの解明へ

米海兵隊に成功の本質を探る

『失敗の本質』の完成後、野中の戦史に関わる研究のテーマは、失敗の研究から成功の研究へとシフトする。敗戦を喫した日本軍の組織特性の分析には区切りがつき、次は成功事例を分析しようと考えるのは自然な流れともいえる。野中は同じ時期に、日本企業の成功の秘訣を探る研究に取り組んでおり、その影響もあるだろう。『失敗の本質』後の研究成果は、激動の時代を個人や組織が生き抜くには何が必要なのか、多くのヒントを与えてくれる。

『失敗の本質』で日本軍の組織特性を解明した私は、自分が分担したガダルカナル島の戦闘で、帝国陸軍が対峙したのは米陸軍ではなく、海兵隊だったと知り、独自の戦い方に強い印象を抱きました。同書でも、日本軍とは対照的に成功した組織として海兵隊に触れていまず。しかし、あくまでも日本軍の分析を深めるための材料であり、海兵隊自身にスポットを当てたわけではありません。海兵隊はなぜ日本軍に勝ったのか、組織としての強さの秘訣を解き明かしたいと考え、調査を続けたのです。

文献調査が中心ですが、多くの海兵隊員に会って話を聞き、沖縄での演習を観察し、米ワシントンDCの海兵隊博物館に足を運びました。海兵隊出身の元駐日大使、マイケル・マンスフィールド（1903～2001年）にも面会しました。

海兵隊は、やはり面白いなと感じました。一橋大学に移籍した後でもあり、今度は共同研究ではなく、単独で突っ込もうと考えたのです。

研究の成果をまとめた『アメリカ海兵隊』の刊行は1995年11月。私はちょうど「知識創造理論」を完成させたばかりでしたが、同書では、新理論を活用せずに海兵隊の強さを分析しています。知識創造理論を生み出した経緯については、改めて説明します。

自己革新組織としてとらえる

同書では、海兵隊の特徴を「自己革新組織」と表現しています。単に学習するだけではなく、自らを変革し、創造し続ける組織を指します。絶えず自ら不安定性を生み出し、そのプロセスのなかで自己を創造し、飛躍する大きな変化としての「再創造」と、連続した「小進化」を逐次あるいは同時に実現するダイナミックな組織です。

自己革新組織という言葉は、経営学の用語です。海兵隊を一つの組織としてとらえ、組織論の枠組みを活用して分析する姿勢は、『失敗の本質』と同様です。私の意識のなかには、知識創造理論という新理論がありましたが、直接は活用していません。

自己革新組織であるための要件は、①「存在理由」への問いかけと生存領域（ドメイン）の進化、②独自能力――有機的な集中を可能にする機能の配置、③「分化」と「統合」を極大にする組織、④中核機能の学習と共有、⑤人間＝機械系によるインテリジェント・システム、⑥存在価値の体化（人間の内面に根づくこと）です。

一般にはなじみにくい用語を含んでいるので、順を追って説明していきましょう。

①組織が存在する意義を自ら問い、どのような領域で環境と相互作用したいのかを明確にする

海兵隊が米海軍のなかに発足したのは1775年。その任務は、船の安全の維持でした。荒くれ水夫に船内の秩序を守らせる警察官の役割と、敵艦と遭遇したときの狙撃や切り込み隊を担っていたのです。しかし、蒸気タービンが開発されて鋼鉄艦が普及すると活躍の場面がなくなり、不要論が台頭しました。存在が疑問視されたのです。

ここで大きな役割を果たしたのが、海兵隊参謀のアール・H・エリス少佐です。第１次大戦後の西太平洋地域で軍事上の不安定さが増し、対日戦争は避けられないと予見した人物です。その場合に想定される海兵隊の任務として、前進基地の防衛から奪取への戦略の転換を主張したのです。

エリスは「ミクロネシアにおける前進基地作戦」を書き、海兵隊司令官、ジョン・A・ルジューンは１９２１年、作戦計画として正式に承認しました。第２次大戦での海兵隊の基本原理となった「オレンジ・プラン」と呼ばれる対日作戦の基礎になりました。

エリスは前進基地作戦を遂行するために「水陸両用作戦」という新たな概念を提唱しました。海兵隊の新たな使命は、攻撃的な水陸両用作戦だと明確にしたのです。水陸両用作戦は、日本軍がガダルカナル島の作戦で敗れた海兵隊の基本戦略であり、『失敗の本質』でも取り上げています。あいまいな戦略のもとで敗戦に突き進んだ日本軍とは対照的に、着々と勝利をものにしていった海兵隊の基本戦略ですが、１９４２年のガダルカナル島の戦闘の20年以上も前に海兵隊は前進基地の奪取を検討していたのは驚きです。

水陸両用作戦は過去から不連続に飛躍する大進化のきっかけになった概念といえますが、

海兵隊は環境の変化を見据えて生存領域を見直しています。第2次大戦終了直前の原子爆弾の開発は、水陸両用作戦の価値を無に帰してしまうのではないかと危惧し、世界中の軍事組織に先駆けてヘリコプターを導入しました。水陸両用作戦に空陸統合作戦を導入し、生存領域を拡大修正したのです。

1960~70年代のベトナム戦争後、水陸両用作戦の価値は低下するといった海兵隊への批判が起きますが、海兵隊司令官のルイス・H・ウィルソンは委員会を設置し、海兵隊の使命はどうあるべきかを検討させました。委員会は1976年、海兵隊は世界全体の「即応部隊」であるべきだと報告します。海兵隊は、特定の戦闘ではなく、世界のどこへでも行ける役割を担うべきだと主張したのです。

即応部隊は水陸両用作戦に関連する諸概念をより洗練した概念であり、強襲揚陸艦、海上事前集積艦、海兵空・陸機動部隊といった下位概念を生み出しました。垂直・短距離離着陸機という新しい概念も取り入れました。

②その領域での生存に必要な独自能力を開発し、他の組織との差異を強調しながら展開する

独自の能力とは、使命や概念を具現化する能力です。あらゆる要素を平等に扱うのではなく、中心となる機能を明確にし、ダイナミックな集中が生まれるように有機的な関係を形成します。海兵隊の機能配置はきわめて明快であり、中心となる機能は歩兵、ライフルマンです。ライフルマンを中心に地上支援、輸送・艦砲支援、航空支援、戦務支援を有機的に配置しています。歩兵を中心とする相互依存の有機的な集中を形成しているのです。

③「分化」と「統合」のバランスを巧みに取る

軍事組織の部門間には大きな分化が見られます。陸・海・空の3部門からなるとすると、目標、時間のとらえ方、対人関係、組織構造は大きく異なっています。例えば時間について、陸の場合、歩兵は時速4キロ、機甲化部隊でも時速25キロ程度を行動基準としていますが、空のパイロットは時速1000キロの世界で生きています。こうした差は、人間の、ものの見方、意思決定や行動に大きな影響を与えています。

部門間の分化は、それぞれの専門性を高度に発達させ、環境の変化に効率よく対処するために必要です。しかし、水陸両用作戦を成功させるためには、陸・海・空を統合する機能も同時に欠かせません。

対抗する2つの力のバランスを取るのではなく、時と場所によって異なる力関係を感じ取り、組織のリーダーがその強いほうを選んで推進します。より高度な分化と統合を交互に追求し、組織をスパイラルに革新します。

海兵隊が開発した部門別の組織構造は、入れ子型でいかなる規模でも自己完結している海兵空・陸機動部隊であり、水陸両用戦を構成する機能別作戦を統合するニーズに対しては、管理システムによって分化と統合のダイナミックな関係を確保しています。海兵隊は不確実な環境に柔軟に対応できる組織なのです。

④中核技能の学習と共有

原体験を共有する場として新兵訓練の「ブート・キャンプ」があります。そこでライフルマンとしての技能の原型を叩き込まれます。

知識には言語化、図式化が可能な形式知と、それが困難な暗黙知があります。

海兵隊はライフルマンとしての職人芸、プロの技にこだわります。マニュアルのような組織で共有可能な形式知も重視しますが、質の高い暗黙知がなければ形式知に変換しても底の浅い知にしかなりません。海兵隊員全員が職種を問わずライフルマンの技能を原型として共有しているからこそ、より効果的に異なる部門間の技能を身につけられます。

⑤生きたインテリジェント・システム

インテリジェンスとは、敵についての情報のことです。軍事作戦を策定するときに、無知やリスクや不確実性の要素を削減する、意味のある情報です。近年の情報通信技術の進歩により、情報をますますリアルタイムで獲得できるようになりました。こうした機械系の形式情報は重要ですが、インテリジェンスとは主に他の情報源からの情報と関係づけて解釈する「意味情報」を指します。意味情報は、収集されたデータを関係づけて解釈し、新しい関係を見つける過程で生まれます。

海兵隊は生きた情報の獲得と共有を重視し、戦闘力を迅速に行使するには戦闘に最適な場所と時間を見極めるための情報と、敵軍と自軍の戦力を比較するための知識・情報を司令官に集め、各分隊、兵士の間でも共有しています。各個人がその場その場で正しい決定を下し、組織で行動するときには、以心伝心でお互いの考えが分かります。

⑥存在価値の体化

海兵隊でなければできないことは何でしょうか。米国民は、国の安全に関わる事変が起こると、海兵隊がすぐに解決してくれる、海兵隊は戦闘では常に劇的な成果を収める、海兵隊は未熟な若者を誇り高き、自信に満ちた、信頼に足る市民に鍛えてくれる、と信じているといいます。米国が海兵隊を必要とする理由は論理を超えたところにあるのです。

海兵隊はその使命やドメインを変革し続けると同時に、永遠の価値を追求してきました。海兵隊の中核価値は、ブート・キャンプで叩き込まれる、忠誠に象徴される神、合衆国、海兵隊、仲間に対する信頼を基盤とする自己犠牲です。忠誠や自己犠牲は、利他主義、仲間に対する愛と言い換えられます。

同書では最後に、自己革新組織とは何かを海兵隊の事例に即して改めて解説しています。自己革新組織は、主体的に新たな知識を創造しながら、既存の知識を部分的に棄却あるいは再構築して自らの知識体系を革新していきます。知識創造こそが自己革新の本質であり、新しい知の創造なくして組織の自己革新はあり得ません。

組織的な知識創造の基本は、概念の創造とその結晶化です。組織の変革につながるような大きな知識を生み出すためには、一つの概念が次から次へと関連概念を生み出すような豊饒な基本概念の創造が重要です。海兵隊にとっては「水陸両用作戦」がそうした最初の概念であり、「即応部隊」が第2の飛躍をもたらした概念だったのです。

日本軍の組織はほとんど暗黙知の塊であり、新しい概念を生み出した海兵隊に負けたのです。海兵隊の勝利は知識創造理論で完全に説明がつきます。

概念は結晶化のプロセスで具体的な技術、モノ、サービス、システムなどに具現化され、具現化に参加した人たちに体化されます。組織の自己革新は、概念による革命的な変化と、その概念が実現され、改善される漸進的な変化の繰り返しです。概念が体化されると、組織が硬直化する危険性をはらんでいますが、海兵隊は常に存在意義を問われており、組織の死（廃絶ないし大幅な縮小）への恐怖感が、自己革新の原動力あるいはエネルギー源になっています。

海兵隊にとっては、合衆国への忠誠や仲間への愛といった存在価値が「不易」で、即応部隊といった機能価値が「流行」だといえます。普遍の存在価値を堅持しつつ、機能的価値を革新し続けるのが自己革新組織であり、海兵隊は一つの原型を示していると同書を締めくくっています。

海兵隊は自己革新を続ける稀有な組織

海兵隊は1990年代に、米空軍大佐ジョン・ボイド（1927〜97年）の「機動戦」の概念を先駆けて展開しました。火力中心の消耗戦から機動戦への転換を、若い指揮官が主導した議論を取り入れて成功させたのです。

消耗戦は、トップダウン、中央集権、分析的、サイエンス重視、定量的で線形的なモデルといえます。一方、機動戦は、絶えず「いま・ここ」の動きのなかに集中し、本質をつかみます。ボトムアップ、自律分散、信頼、スピード、イノベーション、ネットワーク重視、アート重視、定性的で非線形的なモデルなのです。

『アメリカ海兵隊』では、「存在価値の体化」が自己革新組織を支えていると指摘しましたが、海兵隊の知的な討論を促す仕掛けに、改めて注目しています。

その一つが『マリン・コー・ガゼット』という月刊誌です。海兵隊の存在意義や概念に至るまで、徹底的に知的な討論を展開しています。

「ウォーファイティング」というマニュアルも備えています。戦争についてのハウツーではなく、コンセプチュアルな考え方を示しています。「戦争はアートとサイエンスの両方の性質を持つが、サイエンスでは戦争という行為を語りきることはできない。戦争という行為は人間の力強い意志からなる一人ひとりの創造性と直観によるアートである。刻々と変化する戦場の個別具体的な状況の本質をつかむ直観的能力、実践的なソリューションを生み出す創造的能力、実行する強固な目的意識を必要とする」と述べています。戦争という究極の場面の本質を、見事に表現しているのです。

『日米企業の経営比較』プロジェクト

野中は米海兵隊を自己革新組織と表現し、強さの秘密を明らかにした。『失敗の本質』以来、心から離れなかった海兵隊の研究には、これで一区切りがついたが、この後も海兵隊の研究を継続する。一方、この時期に経営学者としての野中には大きな転機が訪れていた。「知識創造理論」が誕生するまでの経緯を語ってもらおう。

『失敗の本質』の研究プロジェクトが佳境を迎えていたころに、時計の針を戻しましょう。

1982年、防衛大学校から一橋大学への移籍が内定していた私のもとに、米ハーバード・ビジネス・スクールのウィリアム・アバナシー教授から、新たな研究の依頼が舞い込みました。ハーバード大学助教授だった竹内弘高が私を訪ね、創立75周年の記念シンポジウムの「新製品開発コンファレンス」での研究発表を要請してきたのです。

竹内は、私がカリフォルニア大学バークレー校に留学していたとき以来の盟友です。MBAを取得したら帰国して職場に復帰する予定だった竹内を学者の道へと誘ったのも私であり、共同研究者として固いきずなで結ばれています。

研究テーマは、日本企業の新製品開発プロセスの分析です。米国側の狙いは明白でした。1970年代に起きた2度の石油ショックを乗り越え、高品質な製品を世界に届けている日本企業からその秘訣を学び、苦戦している米国企業の参考にしようとしたのです。

そこで、私を一橋大に誘った今井賢一先生に声をかけ、今井、野中、竹内の3人で日本企業のイノベーションプロセスを探る事例研究に着手したのです。竹内はその後、ハーバード大から一橋大に移籍し、共同研究の環境が整います。この後の展開を先取りすると、3人の共同研究が、新理論を生み出す大きなきっかけとなったのです。

米国に留学し、最先端の経営学を吸収してきた私にとって、米国は意識から離れない存在です。日本軍が敗北を喫した直接の相手は米国であり、日本軍の敗因を裏返してみると、米軍の勝因が浮かび上がりました。日本軍の組織としての弱みを抽出すると、米軍の強みが明確になりました。日米を比較する視点は『失敗の本質』の重要な要素でもあります。

ハーバード大学からの要請は、日本企業を改めて見直すチャンスとなりました。「改めて」という表現を使ったのは、私は留学からの帰国後に、日米の企業を比較する共同研究『日米企業の経営比較』（１９８３年）を仕上げつつあったからです。

実証研究を志向する若手研究者らが共同研究に取り組んだ成果の一つが、すでに紹介した『組織現象の理論と測定』であり、もう一つが『日米企業の経営比較』です。私は『失敗の本質』の研究プロジェクトに参加する一方、経営学者の共同研究にも取り組んでいました。同時並行で複数の共同研究やプロジェクトを立ち上げ、参加するのが、私の研究手法の特徴の一つです。多様なプロジェクトに参加するうちに、研究の内容に関連が出てきたり、新しい発想が生まれたりするのです。

日米企業を対象とする共同研究を始めたのは１９７６年。『組織現象の理論と測定』の完成を目指していたメンバーのなかから、「米国企業を対象に同様な研究ができないか」という提案がありました。79年、メンバーの一人、加護野忠男がハーバード大学に1年間、留学したことで、現実味を帯びます。

同書では、この研究の狙いを冒頭で明らかにしています。簡単に要約します。

日本経済の良好なパフォーマンスと日本企業の優れた競争力に世界の注目が集まり、日本的経営に対する関心が高まっています。それ以前は後進性と非効率の代名詞とさえなっていた日本的経営が、高品質と強靭な競争力をもたらすカギと考えられるようになっています。日本企業の強さの原因を探る研究が盛んになりました。

日本企業の競争力の源泉は、低賃金の労働者と内外価格差を利用した安売りにあるという伝統的な議論は鳴りを潜めました。代わって浮上したのは、通商産業省（現・経済産業省）主導の官民協力体制、企業別の労働組合制度がもたらす安定した労使関係、モラールと忠誠心に満ち溢れた質の高い労働力、QCサークルを中心とした小集団活動による現場の知恵の活用、長期的な視野からの積極的な設備投資、国内での熾烈な競争から生み出された競争耐久性、品質の向上と省力化のための投資による生産性の向上……。

しかし、冷静に考えてみると、このような議論には疑問の余地があります。第1に、日本企業は本当に欧米企業と肩を並べるほど強いのか、という点です。日米の主な企業の売上高営業利益率を比べると、大部分の産業で日本企業のほうが成果は低いのです。日本企業は業種により、あるいは業種内でも経営がうまくいっている企業とそうでない企業に分かれています。日本的経営は優れていると端的に述べるのは、大きな誤りです。

第2に、仮に一部の日本企業が高い成果を上げているとしても、先に挙げた様々な要因が寄与しているのなら、同じ条件を与えられている日本企業のなかで差がつく理由を説明できないのではないでしょうか。日本企業の戦略や組織の一般的な特徴を明らかにし、それが可能になったのはなぜか、どのような環境条件のもとで強みを発揮するのかを解明するのが、この研究の目的です。

この姿勢は、『失敗の本質』プロジェクトとも重なり合っています。日本軍を失敗の事例、日本企業を成功の事例としてとらえている違いはありますが、個々の事例を掘り下げたうえで、環境適応理論（コンティンジェンシー理論）をベースにした戦略や組織構造のモデルをつくり、教訓や含意を引き出している点はまったく同じです。

日本的経営がもてはやされていた時期に、その流れに安易には乗らず、日本企業の実力を冷静に見極めようとしたのだ。

2つの調査が浮き彫りにした特質

日本企業は数多くの経営手法を米国から学び、独自の改善をしながら経営を近代化してきました。比較の相手としては米国が最も適切であり、比較から得られる理論、実践の面での示唆が大きいと認識していました。

日米企業に質問票を送り、大量のサンプルを活用する「サーベイ調査」と、少数の企業を対象とする「インテンシブ（詳細）調査」を組み合わせる形で両者の違いを浮き彫りにしました。質問票の送付先は、米国ではフォーチュン誌の鉱工業売上高ランキング上位1000社、日本は東京証券取引所第1部、2部（当時）上場の製造業1031社です。

質問票に対する回答は、米国ではGM、デュポン、モービル石油、フォードをはじめ227社（回答率22・7％）、日本では日立製作所、松下電器産業（現・パナソニック）、富士通、東レなど291社（回答率28・2％）です。

インテンシブ調査では、同一の産業から、できる限り事業構成が似た日米企業を1社ずつ選んでペアとしました。化学ではデュポンと東レ、コンピューターではIBMと富士通、医薬ではイーライリリーと武田薬品工業といった具合に、全部で15業種を選びました。それ以外にも、興味を引く高収益企業、日米の経営様式の違いがよく出ている企業として、松下電器産業、京セラ、TDK、ヒューレット・パッカードも取り上げました。

結論を要約しましょう。サーベイ調査によると、日米企業には、経営資源、経営目標、経営者の特性に一貫した違いがありました。両者には、環境に適応する方法に違いがあるからです。日本企業は「有機的適応パターン」、米国企業は「機械的適応パターン」と表現できます。

日米企業の比較から導き出した仮説をまとめると、戦略と組織の両面で、両者の特徴をキーワードで表現できます。経営戦略の面では、日本企業は、生産に重点を置きながら周辺分野の知識を蓄積し、環境の変化に帰納的かつインクリメンタルに適応する「オペレーション志向」です。一方、米国企業は、製品に重点を置きながら機動的な資源展開を通じて環境の変化に演繹的に適応する「プロダクト志向」です。

組織の面では、日本企業は、価値・情報の共有をもとに、成員間ならびに集団間の頻繁な相互作用を通じて、組織的統合と環境バラエティを削減する「グループ・ダイナミクス」をもとに組織を編成しています。一方、米国企業は、公式な組織階層を構築し、規則や計画を通じて組織を統合し、環境バラエティを削減する「ビュロクラティック・ダイナミクス」によって組織を編成しています。つまり、日本企業はオペレーション志向の戦略を立て、グループ・ダイナミクスに従って組織を編成する傾向が強いのです。

当時、日米企業をとりまく環境は大きく変化していました。電子、情報、通信、生物工学など技術革新のうねりが、経済構造全体に大きな変化をもたらします。多くの企業にとって脅威であるだけではなく、成長機会も創出します。こうした変化は、企業によるイノベーションが累積した結果でもあります。変化のなかで生き残るためには、日本企業はプロダクト志向の要素を強めなければならないというのが、同書の提言です。

日本企業に引き継がれた日本軍のＤＮＡ

日米企業の比較のなかから浮かび上がった日本企業の特質は、『失敗の本質』で解明した日本軍の特質と似通っている。『失敗の本質』では、「日本軍の戦略発想と組織的特質の相当部分は戦後の企業経営に引き継がれている」と指摘し、第3章の最後の締めくくりの部分で『日米企業の経営比較』のエッセンスを紹介している。

日本企業の戦略は、環境の変化が突発的な大変動ではなく、継続的に発生している状況では強みを発揮します。戦後の日本は、欧米をモデルとしながら、経済成長を実現してきました。この過程では、量的な拡大と対応して、多様な変化が混合しながら継続的に発生していました。このような変化がもたらす機会や脅威に対応するためには、適応のタイミングを失わないように変化に対して微調整の対応をしなければなりません。

日本企業の組織は、大きなブレイク・スルーを生み出すよりも、一つのアイデアの洗練に適しているのです。製品ライフサイクルの成長後期以後で、日本企業は強みを発揮します。

家電製品、自動車、半導体などの分野での日本企業の強さの由来はここにあります。

日本企業の組織は、価値・情報の共有をもとに集団内の成員や集団間の相互作用を通じて組織を統合し、環境に適応するグループ・ダイナミクスを生かした組織です。下位の組織単位の自律的な環境適応が可能になるといった長所はありますが、集団間の統合の負荷が大きく、意思決定に長い時間を要し、集団思考による異端の排除が起こる、といった欠点があります。

高度情報化や業種破壊、さらに先進地域を含めた海外での生産・販売拠点の本格的な展開など、日本が得意な体験的学習だけからでは予測のつかない環境の構造的変化が起こりつつあるなかで、これまでの成長期にうまく適応してきた戦略と組織の変革が求められています。特に、異質性や異端の排除と結びついた発想や行動の均質性という日本企業の持つ特質が、逆に作用する可能性すらあります。

日本的企業組織は、新たな環境変化に対応するために自己革新能力を創造できるかどうかが問われている、と締めくくっています。

情報処理から情報創造へ

ハーバード大学からの依頼を受け、日本企業の新製品開発プロセスの研究に乗り出した野中の手のなかには、すでに、これだけの研究の蓄積があった。環境適応理論をベースに導き出した様々な命題は、このプロジェクトでも大いに威力を発揮するはずだ。野中は、今井、竹内とともに新たな研究の計画を練った。

環境適応理論をベースに日本軍や日本企業の組織特性を明らかにしてきましたが、2つのプロジェクトに区切りがついた前後から、私の認識には変化が生じていました。85年に出版した『企業進化論——情報創造のマネジメント』、『WiLL』の連載をもとに86年に出版した『企業の自己革新——カオスと創造のマネジメント』と副題にはいずれも「創造」の文字が入っています。『企業進化論』では、「情報処理」から「情報創造」へというコンセプトの進化について解説しています。情報創造という概念は、様々な研究会に参加し、議論を重ねるなかで浮かび上がってきました。

情報を創るということは、組織のあらゆるレベルで発想や視点の転換を起こすような、意味のある情報あるいは概念を創ることです。組織のあらゆるレベルから湧き上がる情報は互いに競い合い、補完し合い、止揚されながら、一段と高い次元の情報に統合され、組織全体の意識転換につながります。そうした転換を支援する組織やシステム、新しい行動様式が生成されます。このプロセスが企業の進化なのです。「情報創造」という概念が急浮上したのです。

ラグビー型アプローチ

新プロジェクトの話題に戻しましょう。議論を重ねた結果、選んだ新製品の一つが、富士ゼロックスの複写機「FX3500」です。開発プロジェクトの責任者の一人、小林陽太郎（後に社長）は、自社の開発体制を「さしみ状開発」と呼んでいました。開発、製造、営業といった部門が別々ではなく、少しオーバーラップし、チームを組んでいるのです。身が少しずつ重なっている刺身にたとえたのです。

このほか、キヤノンのパーソナルコピー機「PC−10」、一眼レフカメラ「AE1」とシャッターカメラ「オートボーイ」、ホンダの小型車「シティ」、NECのパーソナルコンピューター「PC8000」を選びました。製品の新規性、市場での成功、画期的な開発プロセスといった基準を満たす製品ばかりです。企業のトップからエンジニアに至るまでのインタビューから、共通点を探り出しました。

3人で学術論文を仕上げた後、竹内との共同論文「新しい新製品開発ゲーム（The New New Product Development Game、1986年）」が『ハーバード・ビジネス・レビュー』に掲載され、newという言葉が重なるユニークさも手伝って反響を呼びました。帰国後、国内で活動していた私が、海外での論文発表に注力するようになったのは、この論文からです。

論文では、「ラグビー型アプローチ」という概念を打ち出しました。従来の製品開発は「リレーレース型アプローチ」であり、スピードと柔軟性をもって新製品を開発しているチームは、従来型とは異なる方法を取り入れています。

従来の開発方式の代表例は米航空宇宙局（NASA）の段階的プログラム計画（PPP）で、製品開発のプロセスはリレーレースのように動きます。コンセプト開発、実現可能性のテスト、製品設計、開発プロセス、パイロット生産、最終生産へとフェーズが変わります。

それぞれのフェーズには担当者がいて、次のフェーズにバトンを渡していきます。機能が専門化しているのです。

ラグビー型では、各フェーズの担当者が最初から最後まで協力します。例えば、エンジニアのグループは実現可能テストのすべての結果が出る前に、製品の設計を始める場合があります。チームは、後から出てくる情報の結果、決定の再検討を余儀なくされる場合もあります。

戦時の環境を平時につくる

論文では最後にこう提言しています。

競争の激化、大衆市場の分裂、製品ライフサイクルの短縮、高度なテクノロジーと自動化といった環境の変化により、経営陣は従来の製品の作成方法を再考する必要があります。製品開発が直線的かつ静的に進行することはめったにないと、最初に認識しなければなりません。

開発プロセス全体を通じて微妙な形の制御を実行します。学習の方法にも変更が欠かせません。専門家以外の人が製品開発を担うためには、すべての領域、組織の様々なレベル、機能の専門分野、さらには組織の境界から知識を蓄積します。チームの自己を超越する性質は、組織全体に危機感や切迫感を引き起こすのに役立ちます。会社にとって戦略的に重要な開発プロジェクトは、平和な時期でも戦時中の労働環境をつくり出せます。平和な時代にはやってのけるのが難しいかもしれない型破りな動きは、戦争の時代には正当化できます。

多国籍企業の経営環境は劇的に変化しています。世界市場で競争するためのゲームのルールは変わりました。多国籍企業は、製品開発のスピードと柔軟性を実現するため、試行錯誤とそれによる学習に大きく依存するプロセスを活用します。絶え間ない変化の世界における絶え間のない革新が必要なのです。

ハーバード大からの要請を受けて仕上げた論文の内容は、それまで私が手掛けてきた論文とはかなり色合いが異なっています。

優れた新製品を生み出している企業のメンバーはみんな、ある種の冒険をしています。情報処理モデルはどちらかというと受け身ですが、「やってやろうじゃないか」という人たちでした。環境の多様性があるから、こちらも多様性をつくるのというのではありません。こちらに思いがあり、環境に働きかけ、主体的に何かをつくり出していきます。単なる受け身の情報処理ではない姿が、見えてきたのです。

当時の日本企業の担当者は、顧客が何か言うとすぐに「できます」と答えていました。そして、期待に応えようとしてチャレンジするなかで主体的に何かを生み出す傾向が強かったのです。環境が激しく変化し、混沌としているときに、それにチャレンジする人々を、どんな理論でとらえられるのでしょうか。環境適応理論ではうまく説明できないことは明らかでした。

私は「新しい新製品開発ゲーム」を完成させた後、「混沌からの組織秩序の創造」(Creating Organization Order Out of Chaos、１９８８年4月１日)、「情報創造を加速するミドル・アップダウン経営（Toward Middle-Up-Down Management Accelerating Information Creation、１９８８年4月15日)」といった論文を立て続けに海外のジャーナルに発表しました。知識創造理論の土台となる論文です。私の知名度が世界で高まった時期でもありました。

情報処理モデルは比較的安定した環境下での情報処理ですが、変化が激しくなればなるほど、それに挑戦するのはどんなロジックで、どういう事実があるのか。混沌のなかからどうやってイノベーションが短期に出てくるのかという問題意識が重要でした。

見え始めた日本の組織の強み

ここで素朴な疑問がわく。平時には強い組織特性を持つ日本企業は、欧米へのキャッチアップには大いに力を発揮し、高度成長の主役となった。真の意味での独創性を発揮したわけではないというのが定説であり、『日米企業の経営比較』でも同様な見方を示していた。それでは、3人が新製品開発の秘訣を明らかにするために選んだ対象は、例外だったのだろうか。そうでないとすれば、日本企業はいつから有事に強い組織に変わったのだろうか。

「新しい新製品開発ゲーム」では、経営陣は開発チームに細々とした指示はせず、チームの「自己組織化」が進んでいると分析しました。私たち3人が調査を始めた1980年代になっても、多くの日本企業は、日本軍から引き継がれた組織特性を基本的には維持していましたが、新製品開発の最前線では、従来の発想を超える組織運営が広がっていたのです。なかでも、チームリーダーが上下左右のバランスを取りながら、生き生きと動き、成果を生み出していました。私は、その原理を解明したいとの意を強くしました。

私が注目したのは「ミドル」の存在です。変化に直面している日本企業の組織のなかで、ダイナミックな動きの核になっているのがミドル。プロジェクトのリーダーであり、肩書でいえば課長でした。

日本企業が元気だったころは、課長がパワーを持っていました。上下のバランスを取りながら、組織全体の中核にいて、活発に動いていました。組織のダイナミクスの根源だったのです。

そんな問題意識を持ちながら研究活動を続けるうちに、転機が訪れます。きっかけは学会でのやり取りでした。私は海外の学会にも積極的に参加するようになっていました。母校の米カリフォルニア大学バークレー校のセミナーで「情報の創造」の概念を説明していると、聴衆の一人が「それは知識ではないか」と指摘しました。それ以前から「情報創造の結果、知識になる」と考えるようになっていましたが、最初から知識そのものを自らつかみにいく

「知識創造」の概念に確信が持てたのです。

一人ひとりの強い思いがないと情報処理の限界には挑戦できません。人間の思いを実現していくのは情報処理でもないし、情報創造でも十分ではありません。自分の信念や思いを正当化していくのは情報ではなく、知識創造というプロセスなのではないでしょうか。

情報処理から情報創造、そして知識創造へ。情報創造という時点では、外部にある情報を組み合わせるという意味合いがなお強いですが、知識創造となると、内から外へという方向性が強まります。自分の思いや主観を正当化し、実現していくプロセスであり、イノベーションのプロセスでもあるのです。

『知識創造の経営』

１９９０年、一連の研究成果をまとめた『知識創造の経営』を発刊した。日本語ではあるが、世界で初めて、知識創造理論を打ち出した野中の原点と言える著作である。

同書の「はしがき」で、新理論を提唱する狙いを説明しています。

日本企業は戦後の復興を経て、欧米へのキャッチ・アップを目標にひたすら生産の効率性を高め、現在の世界的地位を築いてきた。しかし、最近の急速な情報化・国際化の進展は、これまでの日本企業の行動のあり方の再検討を迫っている。日本企業が真に世界の発展に寄与するためには、改めて日本的経営を見直し、その普遍の可能性と限界を明らかにする必要があるのではないだろうか。

この本の主張は、第一に日本企業の経営理論と実践における貢献は、効率を中心とした生産システムや改善などの手法的なものと同時に、より理念的なビジョンに基づいた組織全体の知識創造、われわれの概念でいえば、組織的知識創造の一つのパターンと組織原理を開発したことにあるということである。第二に、そのような知の創造のあり方が一層普及し、さらに世界的に評価されるためには、より高質な知の創造に向けて挑戦していく必要があるということである。(『知識創造の経営』iページ)

キャッチ・アップ型の生産効率の向上が得意な日本企業は、世界市場で地位を確立しましたが、それだけではありません。新製品開発の先端事例を観察すると、開発プロジェクトのチームが自律的に動き、画期的な製品を生み出している実態が明らかになりました。もちろん、日本企業全体からみると一部の例ではありますが、決して例外ではありません。しかも観察した事例には共通のパターンがあり、理論モデルで表現できるだけの内容を伴っていたのです。

開発の現場にいるメンバーや開発チームを管理する経営陣は、その特徴を自前の言葉で表現している場合もありますが、理論の次元にまでは昇華できていません。そこで、最先端の新製品開発のプロセスを理論化し、普遍性を持たせれば、こうした革新的な取り組みがさらに広がり、日本企業の競争力の強化につながると考えたのです。

組織的知識創造理論

知識の創造は、個人から出発しますが、組織のフィルターを通すとさらに強力な知識が生まれます。私が提唱するのは「組織的知識創造理論」です。

議論の出発点は哲学者、マイケル・ポランニー（1891〜1976年）が提唱した暗黙知の概念です。私の知識創造理論の中核となる概念といえます。同書の説明を引用しながら紹介しましょう。

「われわれは語れること以上に多くのことを知ることができる」とポランニーは説明しました。例えば、われわれはある人の顔を他の人々の顔と区別できますが、どうして区別できるのかを語るのは難しいのです。また、われわれは人の顔を見て、その人の様々な気分を察知できます。しかし、何をしるしに認知するのかはあいまいにしか語れません。つまり、顔についていうと、鼻、目、口、耳などの部分の特徴を明確には語れませんが、部分を統合して顔全体の特徴を知ることはできます。

ポランニーは、人間が新たな知識を獲得できるのは、経験を能動的に形成し統合するという個人の主体的な関与によってであると主張します。人間の知識はその対象によって受動的に規定されるという客観主義に反対したのです。知識とは、主体と対象を明確に分離し、主体が外在的に対象を分析することから生まれるのではなく、個人が現実と四つに組む自己投入、すなわちコミットメントから生み出されます。

暗黙的知識とは、語ることのできる分節化された明示的知識を支える、語れない部分に関する知識です。この知は分節化されず、感情的色彩を持つ個人的な知です。しかし、この個人的な知こそ、自らが経験を能動的に統合していく場合には、明示知を生み、意味を与え、使用を制御します。

暗黙知はどのような仕方で知識を生み出すのでしょうか。ポランニーは「近接項」から「遠隔項」への転移に注目します。遠隔項は焦点として意識され、近接項はそれに従属して意識されています。近接項についての知識が暗黙知です。顔の諸部分から顔全体へと注目する場合、顔全体が認識の焦点であり、認識の対象を把握するための手がかり、または道具としての顔の諸部分は語ることができない知識にとどまります。にもかかわらず、暗黙的に働く従属的な意識こそ、細目から意味のある全体への認識の条件となります。直観のひらめきは、新たなパターン認識への方向づけに役立つ従属的な意識からほとばしり出るのです。

「知る」とは、細目や手がかり（道具・身体）に関与し、暗黙的に統合して全体のパターンや意味を認識することです。ポランニーの暗黙知の概念によれば、個人の関与に基礎を置く知識は主観的で非現実なものであるという考え方に反し、人間は自らの知識の形成に積極的に参加し、その知識を現実の証とすると主張します。科学は客観性の諸原理に基づいて知識を生み出すというよりも、われわれの全人的な関与と暗黙的な方法によって、知識を生み出そうとする個人の意図した努力の結果だというのです。

実際には、直観（総合）と理性（分析）は相互作用をしながら人間の知識を創造していきます。直観的なプロセスは記述し尽せない暗黙知であり、全身を通じての認識の発見、創造です。個人のなかで、それぞれが創造者と分析家ないし批評家の役割を果たしています。

暗黙知と形式知

客観的な知識を形式知と呼び、主観的な知識を暗黙知と呼ぶなら、2つの知識は相転移を通じて時間とともに拡張していくとみています。

暗黙知には「手法的技能」と「認知的技能」があります。前者はいわゆる熟練であり、後者は人間の思考の枠組みといえます。認知心理学でいう個人の心の枠組みであるパラダイム、スクリプト、視点、メンタル・モデルなども認知的技能に含まれます。

個人の内部にあり、言葉で表現するのが難しい暗黙知を、組織にとって有益な情報として形式知に変換するためには、何らかの形で言語に翻訳されなければなりません。

暗黙知を形式知へと転換する過程は、個人の知識を語ることができる知識に、すなわち他者と共有可能な知識に変換していく過程でもあります。このプロセスでは、人と人との直接、かつ継続した相互作用が重要な役割を果たします。

とりわけ、対話のなかで使う有効な変換の手段がメタファー（隠喩）です。メタファーとは、ある物事を他の物事に関連させて理解したり、経験したりすることです。メタファーは思考の過程だけではなく、すでに体験した、似た行為をモデルにしながら、新しい行為をする過程にも存在します。メタファーは思考や行動など日常生活のなかに広く行きわたっているのです。

より抽象的な概念の創造にはメタファーが重要になります。通常は関係がないと思われる概念を並べ、類似点だけでなく、相違点を考え、不均衡や矛盾、ズレを生み出しながら、新しい意味を創造します。新しい仮説や経験を生み出し、新しい世界認識を可能にするのです。

メタファーに含まれている矛盾を調和させる手段がアナロジー（比喩）であり、共通性を通じて未知のものを削減する役割を果たします。メタファーでの意味の連結は直観に基づき、アナロジーによる意味の連結は合理性に基づく場合が多いのです。アナロジーはイメージから論理への橋渡しの役割を果たします。メタファーによって認知された矛盾、アナロジーによる解消の過程を通じて、暗黙知は形式知へと転換します。形式知はモデルに近いものとして表現されます。

知の創造の過程

知の創造にはほかにもいくつかの過程があります。

暗黙知は暗黙知のまま移転する場合があります。職人が職人芸を移転するとき、記述できないままに起居をともにしながら観察、模倣、コーチングなどを通じて時間をかけて伝授していきます。暗黙知から暗黙知への移転過程を、共同（Socialization）と呼びます。

形式知を組み合わせて新たな知識を創る過程も重要です。コンピューターによる知の創造は典型です。コンピューターは形式知を分類し、加え、組み合わせるなどして新しい知識を創り出せます。形式知から形式知を創る過程を、連結（Combination）と呼びました。

暗黙知から形式知への変換過程は分節化（Articulation）、形式知から暗黙知への変換過程を内面化（Internalization）と呼びます。分節化の過程ではメタファーが重要な役割を果たし、内面化には体験が深く関わっています。

組織が知を創造するときは、４つの過程（共同→分節化→連結→内面化）を経ますが、私が特に重視するのが、暗黙知と形式知の相互作用です。分節化と内面化には自我あるいは主観が深く関わっているためです。自ら情報と知識を創り出そうとするため、自己組織化が起きます。分節化と内面化は根本的な知識を創り、連結は表面的な知識を創るのです。

世界の土俵で勝負する

『知識創造の経営』は学術書の色彩が濃く、専門用語も多いが、ビジネスパーソンが決して読みこなせない著作ではない。知識を創造するためには何が必要か、日本企業への具体的な提言も盛り込まれている。米ハーバード大からの要請を受けて取り組んだ、日本企業の新製品開発プロセスの研究は、同書を経て、後に『知識創造企業』として花開く。

私は日本語の著作では満足していませんでした。交流があったグンナー・ヘドランド、ブルース・コグートといった海外の著名な経営学者たちが、私の研究に刺激を受け、「知識を基盤にした経営」をテーマとする論文を発表しようとしているのを察知したからです。日本語の著作を出していても、世界の学界では業績として認められません。英語で論文を発表して初めて、その論文の評価が決まります。私は先を越されたくないとの思いを強めていました。

そこで、『ハーバード・ビジネス・レビュー』に草稿を持ち込んだところ、編集担当のボブ・ハワードが関心を示し、1991年、『知識創造の経営』を簡略にした論文である「Knowledge-Creating Company（知識創造企業）」が掲載されました。コグートらが同様なタイトルの論文を発表したのは92年です。仮にコグートらが先行したとしても、論文の内容や方法論は知識創造理論とは異なるため、知識創造理論の評価は変わらなかったかもしれませんが、彼らは「パイオニアは自分たちだ」と主張した可能性が高いのです。「知識創造企業」はタッチの差で「世界最初の論文」となったのです。

94年には経営学のトップジャーナルである『オーガニゼーション・サイエンス』に「A

Dynamic Theory of Organizational Knowledge Creation」（組織的知識創造の動態理論）が掲載されました。編集長のアリー・ルインからの依頼を受け、短期間で掲載が決まりました。世界の学界では、この論文が知識創造理論の決定版と認知され、多くの学術論文に引用されています。

学界での評価をみて、論文の原点である『知識創造の経営』全体を英文にしようと思い立ちます。知人に翻訳を頼みましたが、しっくりきません。そこで、同僚の竹内弘高に相談し、一緒に翻訳にとりかかりました。『ハーバード・ビジネス・レビュー』のボブ・ハワードにも協力を仰いで本の構成も見直しました。95年、『*The Knowledge Creating Company*（知識創造企業）』をオックスフォード・ユニバーシティ・プレスから出版すると、全米出版協会のベストオブザイヤーに選ばれました。96年には日本語版『知識創造企業』も出版し、知識創造理論の存在は一般にも広く知られるようになったのです。

哲学の章を設ける

『知識創造企業』は、『知識創造の経営』よりも読みやすい文体で、一般読者を意識して編集されている。「組織的知識創造」の骨組みは変わらないが、いくつかの相違点がある。最も大きな違いは、『知識創造企業』には知識創造理論の土台となっている「認識論」をテーマとする独立した章を設け、西洋と日本の認識論を比較している点である。

認識論とは、知識とは何かを考究する哲学の一分野です。知識創造理論を構築するにあたって哲学の知見を多く取り入れています。知識の問題に踏み込むと、やはり哲学の問題に行きつきます。そこで、情報から知識へと議論を展開していったころに、本格的に哲学の勉強を始めたのです。『知識創造の経営』でも哲学やポランニーに触れていますが、その後も勉強を続けました。

『知識創造企業』に哲学の章（第2章）を設けたいと提案すると、竹内は反対しました。経営学の本には哲学はいらないという意見でしたが、何とか押し切って残しました。出版後、世界で反響を呼び、普遍性のある本として評価されたのは、第2章のおかげだと思っています。あの章がなければ、ケーススタディの本で終わったかもしれません。今では竹内も第2

章を残してよかったと納得しています。

第2章では、プラトン（紀元前427〜紀元前347年）、アリストテレス（紀元前384〜紀元前322年）、ルネ・デカルト（1596〜1650年）、ジョン・ロック（1632〜1704年）、イマニュエル・カント（1724〜1804年）、ヘーゲル（1770〜1831年）、カール・マルクス（1818〜83年）、西田幾多郎（1870〜1945年）らの方法論を概観したうえで、経済学、経営学や組織論が知識の問題をどのように取り扱ってきたかを示しています。

1980年代半ば以降の理論のほとんどは、きたるべき時代には社会と組織にとって知識が重要になると指摘しながら、組織内部あるいは組織間でどのようにして知識が創造されるかについての研究はきわめて少ないと指摘し、知識創造理論の必要性を訴えています。

SECIモデル――知識創造理論も進化

知識創造理論を構成する要素も、若干、変化させています。知識創造理論の核心は、暗黙知と形式知の相互作用・変換であり、知識の変換には4つのモードがあります。

暗黙知から暗黙知への変換を「共同化（Socialization）」、暗黙知から形式知への変換を「表出化（Externalization）」、形式知から形式知への変換を「連結化（Combination）」、形式知から暗黙知への変換を「内面化（Internalization）」と名づけ、４つのモードの頭文字を取って「ＳＥＣＩ（セキ）」モデルと呼びます。改めて整理しておきましょう。

共同化とは、経験の共有によってメンタル・モデルや技能などの暗黙知を創造するプロセスです。人は言葉を使わずに、他人の持つ暗黙知を獲得できます。修行中の弟子が師から言葉によらず、観察、模倣、練習によって技能を学ぶのはその一例です。

表出化とは、暗黙知を明確なコンセプトにするプロセスです。暗黙知がメタファー、アナロジー、コンセプト、仮説、モデルなどの形をとりながら次第に形式知として明示的になっていくという点で、知識創造プロセスのエッセンスといえます。このプロセスを『知識創造の経営』では分節化（Articulation）と呼んでいましたが、日本で勉強会を開いていたとき、認知科学者から、内面化と対比させるには表出化のほうが言葉としてふさわしいのではないかと指摘され、表出化と改めました。94年の論文からこの言葉を使っています。

連結化とは、コンセプトを組み合わせて一つの知識体系を創り出すプロセスです。異なった形式知を組み合わせて新たな形式知を創り出します。コンピューターのデータベースのように既存の形式知を整理・分類して組み替え、新しい知識を生み出すこともできます。

内面化とは、形式知を暗黙知へ体化するプロセスです。行動による学習と密接に関係しています。個人の体験が共同化、表出化、連結化を通じてメンタル・モデルや技術のノウハウといった形で暗黙知として内面化されると、非常に貴重な財産となります。内面化のためには、書類、マニュアル、物語などに言語化・図式化されていなければなりません。

『知識創造の経営』では、知識変換の4モードを紹介した後、個人レベル、集団レベル、組織レベルで知識を創造していくプロセスを示し、そのプロセスを促すための10の命題を導き出しました。

『知識創造企業』では、組織的知識創造を促す要件を、意図、自律性、ゆらぎと創造的なカオス、冗長性、最小有効多様性の5つに集約しています。章の後半では、知識創造の主体（個人、グループ、組織）に焦点を当てた「存在論」を展開します。前半の議論は、個人の内部でどのように知識が転換するかを示す「認識論」であり、後半は、どの主体が知識を創造していくかを示す「存在論」であると、議論を整理しています。

組織的な知識創造は５つの局面からなります。暗黙知の共有、コンセプトの創造、コンセプトの正当化、原型の構築、知識の転移です。

原型の構築とは、組織内で正当化されたコンセプトが目に見える具体的なもの、すなわち原型に変換される局面です。新製品開発ならプロトタイプに相当します。原型は新しくつくられた形式知と既存の形式知の組み合わせで構築されます。

知識の転移は、組織内部と組織間の両方で起こります。原型の局面を経たコンセプトは、知識創造の新たなサイクルを始めます。各組織がよそで開発された知識を組織階層や部門間の境界を越えて受け取り、自分のところで応用する自律性を持っていることが非常に重要です。

正しく評価し、礼賛をいましめる

「組織的知識創造」のプロセスを生み出した日本企業に対する評価、日本企業の現状に対する表現ぶりもやや異なっている。一言でいえば、『知識創造企業』のほうが、日本企業の良さ、強さをストレートに前に出している印象が強い。これは、同書が海外の読者を強く意識している点が影響している。もとをただせば、米ハーバード大学から要請された研究テーマは、「米国企業に比べて新製品開発のスピードが速く、かつ高性能な製品を生み出している日本企業の秘訣」であった。主な研究の対象は１９７０～80年代の日本企業の成功要因である。

研究の結果、「組織的知識創造」の原理を解明できましたが、この原理が当てはまる企業は当時の先端企業であり、日本企業の平均像ではないことは自覚していました。『*The Knowledge Creating Company*』の出版は95年。バブル経済の崩壊で多くの日本企業が苦境に陥り、かつての輝きを失っていた時期です。日本企業の底力を世界に知らしめるとともに、元気を失っている日本企業にエールを送る意味もありました。

『知識創造企業』でも、知識創造を阻む様々な要因に幅広く言及しており、日本企業を必ずしも礼賛しているわけではないことがよく分かる。

最近の国際競争における日本企業の後退は、我々のモデルの基礎を掘りくずす反証になりうると主張する人もいるかもしれない。しかし一方で、今我々が目のあたりにしているのは、最近では最も長くきびしい一九九〇年代前半の不況の中で、過去にうまくいったやり方から離れ、ビジネス・チャンスを求めて未知の分野に踏み込もうとしている日本企業なのである。今日、危機の重圧とさらなる国際化の必要性は、日本企業に知識創造のいっそうの発展を迫っている。（序文ⅳページ）

現在の日本的経営に対する建設的な批判と再構築は、最重要課題であると考えている。しかしそのためには、日本的経営の特殊性と普遍性についての深い理解と普遍を目指す我々自身の世界観ないし理論の構築が欠かせない。（370〜371ページ）

我々は決して日本的経営万能論をふりかざしているわけではない。我々は、日本的経営から組織的知識創造という基本原理を抽出したが、現実に行われている日本的経営には多々問題があることは承知している。最も顕著なのは、大方の日本企業では確かに知識創造が各部署で行われているが、企業全体として組織的知識創造への体系的な取り組みがあまりないことである。製品開発チーム・レベルでは数多く実践されているのに、組織的知識創造が企業戦略や組織全体のレベルにまで活用されていない。（373ページ）

実践上の含意

『知識創造企業』の最終章では、実践上の含意と理論上の含意を提示した。組織的知識創造の普遍的なモデルを開発するには、日本的な方法と西洋的な方法の長所を統合する必要があり、そのようなモデルは経営一般の普遍的なモデルとして使えるとの見方を示している。

実践上の含意は、経営の実務に携わる人を意識した内容です。自社内で知識創造を計画し、実践するための7つのガイドラインを示しました。簡単に要約しましょう。

①知識ビジョンを創れ

経営トップは知識ビジョンを創り、それを組織全体に伝えなければなりません。知識ビジョンは社員に自分たちが住む世界の心象地図を提示し、どんな知識を追求し創造すべきか、おおよその方向を示す分野や領域を画定します。それは組織の意図でもあり、その土台の上に企業戦略を策定するのです。知識ビジョンは意図的にあいまいにして、どこまでも発展できるように開いたものにしておきます。トップは自分の志の高さ、組織の意図が企業の創る知識の質を決定すると知るべきです。

②ナレッジ・クルーを編成せよ

ナレッジ・クルーとは「ナレッジ・クリエイティング・クルー」の略語です。社内で知識創造に従事している全員を指す言葉として使っています。ナレッジ・クルーは、ナレッジ・プラクティショナー、ナレッジ・エンジニア、ナレッジ・オフィサーからなります。伝統的な階層組織のなかでの肩書に当てはめると、第一線の社員とマネジャー、ミドル・マネジャー、トップ・マネジャーに相当します。知識創造企業は、豊かなひらめきと直観を育てるために、組織内で多様な才能を利用できるようにしなければなりません。プロジェクト・リーダーとなるナレッジ・エンジニアに多様な昇進パターンを提供し、加点の実績評価を設ける必要があります。

③企業最前線に濃密な相互作用の場をつくれ

知識創造企業は、独創的な経験の豊かな源泉となる場を提供しなければなりません。クルー・メンバーの間で頻繁かつ濃密な相互作用が起きる環境をつくるのです。

④新製品開発のプロセスに相乗りせよ

新製品開発プロセスは、新しい組織的知識創造を創り出すプロセスの中核です。企業が新製品開発プロセスをいかにうまく活用できるかが、組織的知識創造を成功裏に遂行するための重要な決定要因なのです。企業は新製品開発にあたってきわめて柔軟なアプローチをとり、プロジェクトチームの自己革新性を確保しつつ、専門家以外の人の参加を奨励すべきです。

⑤ミドル・アップダウン・マネジメントを採用せよ

経営トップが会社のビジョンや夢を描き、第一線の社員が最前線で現実を見ます。夢と現実のギャップを、ミドル・マネジャーが埋めるのです。トップの暗黙知と第一線社員の暗黙知を統合し、明示化して新しい技術、製品、業務活動に組み入れます。

⑥ハイパーテキスト型組織に転換せよ

階層組織は新たな知識を獲得、蓄積、活用するのに最も効率的な構造で、タスクフォースは新しい知識を創造するのに最も効率的な構造です。2つの構造あるいは層(レイヤー)で創られた知識を再分類・再構成するためには、われわれが知識ベースと呼ぶ第3のレイヤーの形成が必要です。これら3つのレイヤーをすべて含むハイパーテキスト型組織に転換できれば、知識創造企業となりえます。

⑦外部世界との知識ネットワークを構築せよ

クルー・メンバーは、外部の利害関係者の持つ暗黙知も動員しなければなりません。顧客の心象地図から知識をくみ取るのです。少数の創造的顧客グループの知識の活用も大切です。

理論上の含意

理論上の含意の節では、知識創造というダイナミックな相互作用プロセスの背後にある「変換」の本質は、二項対立(ダイコトミー)の超越だと指摘し、7項目を挙げている。

①暗黙的／明示的

知識創造モデルを支える重要な前提は、人間の知は暗黙知と形式知の社会的相互作用を通じて創造・拡大するという日本的な見方です。共同化はメンタル・モデルや技能などの「共感知」、表出化は「概念知」、連結化は「体系知」、内面化は「操作知」を生み出します。これら4つの知識の内容は、AとBという異なる知識の相互作用から生まれたC、すなわち知識変換によって創られた4つの総合を示しています。

②身体／精神

主観的なひらめき、直観、勘は体験から得られます。近世の武士道教育では、哲学や文学の習得より、「行動の人」であることのほうを重視しましたが、中世日本における禅仏教の創始者、栄西は相対立する2つの立場の統合を「心身一如（いちにょ）」と呼びました。一見相反するコンセプト——身体と精神（AとB）から総合（C）を創ることは、西洋でより日本のほうが容易なのです。

③個人／組織

組織が個人の知識創造を支援し刺激すること、それらに適したコンテクストを提供することがきわめて重要です。個人は知識の「創造者」であり、組織は知識の「増幅器」なのです。変換の大部分が実際に起こるコンテクストは、グループ・レベル、チーム・レベルです。グループは知識のシンセサイザーとして機能します。個人（A）と組織（B）のダイナミックな統合が、自己組織化チームという総合（C）を創り出し、知識創造プロセスにおける中心的な役割を果たすのです。

④トップダウン／ボトムアップ

チームあるいはタスクフォースのリーダーであるミドル・マネジャーが、スパイラル状の相互作用プロセスによってトップと最前線社員を巻き込みながら知識を創ります。ミドルが中心になって総合を創るのです。

⑤ビュロクラシー／タスクフォース

ハイパーテキスト構造はビュロクラシーとタスクフォースの合成物で、両者の長所（前者は効率と安定性、後者は有効性と機動性）を取り入れています。ハイパーテキスト構造合します。

（C）は、絶え間ない相互作用プロセスを通じてAとBで創られた知識を再構成しながら統

⑥リレー／ラグビー

新製品開発に対する順次的な「リレー」アプローチと重層的な「ラグビー」アプローチの本質的な二律背反は、両者の長所を活用する「アメリカン・フットボール」アプローチによって避けられます。実際の開発に入る前に全体的な戦略を明らかにし、具体的な中範囲コンセプトと製品コンセプトを開発します。製品コンセプトが決まると、いくつかの職能部門がはっきりした分業体制のもとで同時並行的に動くのです。これらの部門はアメリカン・フットボールの攻撃、守備、キックなどに専門化されたユニットに相当します。各チーム・メンバーがフィールドに出て走っている間に、プロジェクト・リーダーたちはプロジェクトの成功に必要不可欠な部門間協力を確保するために集まって話し合います。

⑦東洋／西洋

組織的知識創造への日本的アプローチと西洋的アプローチの統合は可能です。未来は、東洋と西洋の最良の部分を巧みに取り入れて組織的知識創造の普遍的モデルの構築を始めてい

る企業のものだ、と信じています。われわれがハイパー・トランスフォーメーションと呼ぶ多次元にわたる多くの変成作用が鍵になります。ハイパー・トランスフォーメーションを機動的に編成組織化する企業が、変化の激しい経営環境で持続的な競争優位を獲得するのです。これから重要になる能力は、変換、スパイラル、総合のスピードなのです。

日本企業は、せっかく自ら生み出した「組織的知識創造」のプロセスを十分には活用できていません。今こそ、このプロセスをフル回転させるときではないでしょうか。

第 4 章

難航

20年を要した『戦略の本質』

休眠プロジェクトに転機

『失敗の本質』を完成させた後、共同研究のチームは新たなプロジェクトを立ち上げた。日本軍の敗因を探るなかで浮上したのが、「なぜ、敵軍は勝てたのか」という問いであり、「勝利を導き出す戦略に共通性はあるのか」との問題意識をメンバーは共有するようになった。「戦略の本質」プロジェクトがスタートした。

議論を重ねるなかで、戦略の本質が最もはっきりするのは、逆転現象ではないかとの仮説が浮かび上がりました。もともと有利な状態にあれば、戦略の質は大勢に影響を与えませんが、不利な状況から逆転できたときは戦略がカギを握ったはずです。

日露戦争後の日本軍の戦いのなかには、逆転現象は見られず、他国の事例から逆転現象を拾い出し、戦略の本質を探る作業を始めたのです。

ところが、事例の選定、執筆までは順調に進んだものの、戦略の本質とは何かという根本のところで行き詰まってしまいました。『失敗の本質』では、日露戦争という過去の成功体験に過剰適応した結果、日本軍は失敗を回避できなかったという命題を導き出せましたが、戦略あるいは逆転の本質について明確な命題を提示できません。これを実行すれば戦略がうまくいくといったハウツー本を出すつもりもありませんでした。プロジェクトチームは休眠状態となったのです。

1990年代に転機が訪れました。私が知識創造理論という新理論を構築したほか、軍事戦略論でもエドワード・ルトワックやコリン・グレイ（1943〜2020年）らが新たな視点を提示しました。経営学、戦史に関わる研究の両面で新たな知の体系が生まれたのを踏まえ、プロジェクトチームのメンバーは戦略の本質を問い直すことにしたのです。

日本を取り巻く環境も大きく変化していました。バブル経済が崩壊した日本にはあまりにも戦略が欠けているように見えたのです。戦略はあっても「分析的な戦略論」に終始し、人間の顔が見えなくなっていました。形式知をもとに市場を分析し、参入する分野を決めるといった経営戦略が典型です。

戦略とは、何かを分析することではなく、本質を洞察し、実践すること、認識と実践を組織として綜合することであるはずだと確信し、戦略を左右し、逆転を生み出すカギはリーダーの信念や資質にあるのではないか、という仮説が生まれました。

新しい仮説のもとでプロジェクトが復活し、議論を重ねました。戦史の事例から戦略の本質を突き詰め、リーダーシップの本質を洞察しました。逆転を成し遂げたリーダーの資質とは何かを明らかにしていったのです。

構想から20年を経て『戦略の本質』が完成しました。

戦略不在――日本軍と日本企業の共通点

序章では、『失敗の本質』に言及しながら、戦略に着目する理由を説明しています。

第2次大戦で日本軍が逆転できなかったのはなぜでしょうか。物量の面で劣っていたからというよりも、物量の劣勢を相殺する戦い方ができなかったというべきです。日本軍は開戦時には事前に綿密なシナリオを描き、周到な準備を重ね、敵の準備不足と不注意に乗じて大きな戦果を挙げました。しかし、その後、敵がシナリオにはない行動を取るようになると、効果的な対応ができませんでした。これを戦略不在といいます。戦略不在は、戦争の本質についての理解の不十分さに根差しています。

冒頭でこう問題を提起したうえで同書は再び現在の日本に目を向けます。戦後60年、日本は目覚ましい復興を成し遂げ、高度成長を達成し、2度の石油ショックを乗り切って一時はジャパン・アズ・ナンバーワンと呼ばれるほど世界のトップを走る経済大国にのし上がりました。予期せざる好条件に恵まれ、友好国の好意にも助けられたとはいえ、日本の国家戦略、あるいは日本企業をはじめとする様々な組織の戦略の成功の証でしょう。

これは、第2次大戦緒戦のハワイ作戦やマレー沖作戦の成功に似ています。日本海軍航空隊はその時点で世界の先頭を走っていましたが、空母主体の艦隊編制と戦法を本格的に採用したのは米海軍でした。

1980年代の「日本的経営」が日本独自のものではなく、普遍的な経営方式であることを見抜き、長所を批判的に取り入れたのは諸外国の企業でした。

バブルが崩壊した日本では、戦略不在が顕著になりました。これは第2次大戦緒戦での侵攻作戦が挫折した後の事態と似ています。それまでは、自分が描いたシナリオ通りに事態が推移したか、諸外国がその筋書きに合わせてくれたのかもしれないのです。ところが、シナリオ通りに進まなくなると、自信を喪失し、敗北感に打ちひしがれてしまいました。

ここで、私の経営理論と戦史に関わる研究の関係について改めて整理しておきましょう。『失敗の本質』で活用した統合的コンティンジェンシー理論、『アメリカ海兵隊』で言及した知識創造理論はいずれも組織論です。『戦略の本質』で問おうとしたのは、逆転を可能にした戦略であり、組織論を土台にしながら戦略論の領域に踏み出しています。

私は1970~80年代の日本の先端企業の事例研究をもとに、知識創造の原理を見出しましたが、90年代に入ると、多くの日本企業はその原理を忘れ、自信を喪失してしまいました。せっかく生み出した知識創造の原理を生かせなくなったのはなぜでしょうか。その答えが戦略不在であり、戦略の本質を解き明かせれば、日本企業は戦略を通じて知識を創造する組織として、再び輝きを取り戻せるかもしれないと考えたのです。

自信を喪失した日本の諸組織に、同書はこうエールを送ります。

戦後六〇年の復興と成長の実績をもってすれば、逆転はもちろん可能である。また、明治維新以降の近代化の成功、さらには有史以来の国民的・文化的伝統を踏まえれば、逆転できないわけがない。ただし、逆転するためには、戦略の本質を理解しなければなら

ない。誠実な努力や、周到な準備や、僥倖や、相手の好意だけに頼っていては、逆転はなしえない。(『戦略の本質』30ページ)

戦略論の系譜をたどる

研究チームが選んだ事例は、毛沢東の反「包囲討伐」戦(1930~34年)、第2次大戦でのバトル・オブ・ブリテン(1940年)、スターリングラード攻防戦(1942~43年)、朝鮮戦争での仁川上陸作戦(1950年)、第4次中東戦争(ヨム・キプール戦争、1973年)、ベトナム戦争(1965~73年)の6つ。劣勢にありながら逆転を成し遂げた典型的な戦いです。私は毛沢東の反「包囲討伐」戦を担当しました。

同書では、個別事例の研究に入る前に、「戦略論の系譜」と題する第1章で、19世紀以降の近現代の戦略論のエッセンスを抽出しています。『戦争論』のカール・フォン・クラウゼヴィッツ(1780~1831年)、『戦略論』のバジル・リデルハート(1895~1970年)、『戦略論──戦争と平和の論理』のエドワード・ルトワック、『現代の戦略』のコリン・グレイらを取り上げました。彼らの戦略論は、研究チームが6つの事例研究をもとに、戦略の本質を問い直す作業を進めるための土台となっています。

クラウゼヴィッツは、戦いの基本原則を追求せず、まず戦争の本質・本性をとらえようとしました。戦争を「拡大された決闘」になぞらえ、物理的な力を行使して自分の意志を相手に強要するものだと考えたのです。敵の完全な打倒を目指す「絶対的戦争」と「現実の戦争」という概念を対比させ、「戦争とは、異なる手段をもってする政治の延長にほかならない」と説きます。戦略とは戦争の目的を達成するために戦闘を使用することであるというのです。

クラウゼヴィッツは、戦略を動態的なものととらえました。戦争の本質は交戦者あるいは闘争者間の作用と反作用の繰り返しとみたのです。また、予測不能で偶然の自然現象や偶発事件が発生し、計画通りに実行できなくなる事態を「摩擦」と表現し、戦略の「計画」の側面だけでなく、「実行」の側面の重要性を示唆しています。

リデルハートの戦略論は「間接アプローチ戦略」として知られています。戦力の大量集中で戦場での敵軍主力の殲滅（せんめつ）を目指す決戦戦略に対するアンチテーゼとして唱えました。心理的にも物理的にも敵の予想していないところを攻撃し、最小限のリスクとコストで勝利を達成しようとします。戦略は、敵との意思の衝突、作用と反作用とのダイナミクスを前提としているというのです。

20世紀後半になると核戦略論が核抑止論となって展開していきます。ルトワックは時間の概念を導入し、戦争では成功が失敗に、勝利が敗北に、あるいは逆に失敗が成功に、敗北が勝利に転化しえると唱えました。この論点は本書の序章で取り上げたので、ここでは詳述しません。ルトワックは戦略を、技術、戦術、作戦、戦域、大戦略（grand strategy）の5つのレベルに分類し、どのレベルにも失敗と成功が逆転する「逆説的論理」が作用すると指摘しました。『戦略の本質』では、ルトワックによる分類を取り入れています。

グレイはルトワックの戦略論を発展させました。戦争ないし戦略は、いくつかの要素、位相からなるととらえています。時間、国民、社会、文化、政治など17の位相を挙げています。戦争や戦略は複雑系の性格を持ち、各位相が相互に影響を及ぼし合うと同時に、各位相が全体とも相互作用をしているというのです。旧ユーゴの内戦、2001年の9・11事件など、主権国以外の政治単位が従来の交戦ルールを無視した戦い方をしているのを見て、クラウゼヴィッツの議論は時代遅れになったと指摘する専門家も登場しました。グレイは、戦争や戦略の本質の変化ではなく、戦争の様相の変化、戦略の応用の変化にすぎないと主張します。いくつかの位相が変わり、各位相間の関係や全体との相互関係に影響を及ぼしたのだと分析しています。

戦争の様相、戦略の方法や応用は、それぞれの位相が変われば常に変わる可能性がありますが、ある特定の位相が劣っているときは他の位相の優越によって「埋め合わせ」ができます。戦場で逆転現象が起きるゆえんでもあります。

戦略とは何か。戦略論の系譜をたどったうえで、以下のようにまとめています。

戦略は、何らかの政治目的を達成するための力の行使であるので、対立する意志を持つ敵との相互作用がダイナミックに展開される。それゆえ、戦略の各レベルでは逆説的論理が水平的かつ垂直的に作用する。さらに戦略はいくつかの位相から成る複雑系の性質を有し、その位相間の相互関係の変化に応じて、具体的な表れ方が異なってくる。(『戦略の本質』59ページ)

戦略現象の5つのレベル

6つの事例研究の後、第8章では、同書で活用する戦略論の枠組みを示しています。国家ないし、国家に準じた主体間で闘争が起きる場合、戦略現象は技術、戦術、作戦戦略、軍事戦略、大戦略のレベルで展開します。

技術のレベル

戦闘の帰趨は兵器システムの性能によって大きく左右される。兵器・装備品の性能では、攻撃力と防御力のトレードオフが発生する。技術の卓越を求める技術者と、軍事での必要性を志向する軍人とのせめぎ合いがある。兵器の質の向上は、ときに戦術レベル以上の戦略を左右する。

戦術のレベル

戦場での軍事力の衝突によって構成される。人間が関わる事象であり、集団としての士気、技能が重要。戦闘の帰趨を左右するのは、現場指揮官のリーダーシップである。場としての現地の特性をすばやく理解し、刻々と変化する戦闘状況を読みながら、構成メンバーから最大限の努力を引き出す役割がある。予測しづらい状況に身をさらしながら、攻勢―守勢の非対称的なニーズを読み、ダイナミックな変化に対応する。

作戦戦略のレベル

戦闘に関する計画と意思決定の論理が全面的に展開する。作戦計画の全体を構想し、遂行するという独自の経営の課題に直面する。司令部の指揮・運用能力の競合と相互作用が問題となる。自己と相手の戦力の見積もり、相手の行為を含めて複雑多岐にわたる変数を考慮しなければならない。軍事力の衝突、正面からの攻撃を志向する「直接的アプローチ」と、何らかの手段で相手の軍事力の機能発揮を阻止しようとする「間接的アプローチ」の選択に帰着する。

軍事戦略のレベル

諸作戦を軍事的な合理性に基づいて運営し、国家の意志に結びつける。ルトワックは戦域レベルと呼んでいる。諸作戦の優先順位を定め、各戦域、各軍種の間に資源を配分する。多くの場合、最終的な決定は、大戦略レベルでの政治判断にゆだねられる。

大戦略のレベル

戦争あるいは国家安全保障のために、軍事力、外交・同盟関係、経済力、その他の国家資源を動員する。戦略に最終的な意味を付与する場である。軍事的な合理性を国家目標や国益にすり合わせる。大戦略レベルの課題を解決しうるのは優れた政治的リーダーだけである。明快な国家目標を掲げ、誰にでも理解できる言葉と論理で国民に国益の中身を説明できる。

これに続き、戦略論の枠組みを活用して6つの事例を分析しています。本書では個々の事例分析は割愛しますが、随所でリーダーシップの重要性を指摘しています。

戦略の10の命題

終章では、「戦略の本質とは何か」と題し、10の命題を導き出しました。

命題1　戦略は「弁証法」である

戦略は絶えず、正（テーゼ）、反（アンチテーゼ）、合（ジンテーゼ）のプロセスで生成発展している。彼我（ひが）のダイナミックな相互作用を把握し、大戦略、軍事戦略、作戦戦略、戦術、技術の重層関係の矛盾を綜合するのが戦略である。

命題2　戦略は真の「目的」の明確化である

完全なる軍事的勝利が、必ずしも政治目的の達成にはつながらない。軍事的な成果を戦争目的の達成に、結びつけることが重要である。

命題3　戦略は時間・空間・パワーの「場」の創造である

時間、空間、パワーの関係性をコンテクストという。戦略とは、コンテクストをダイナミックに変換ないし創造しつつ、敵との関係を逆転させるプロセスである。

命題4　戦略は「人」である

戦略を洞察するのも、実行するのも人間である。「分析的戦略論」は傍観者的であり、人間の顔が見えない。

命題5　戦略は「信頼」である

信頼は戦略の創造と実行で重要な役割を果たす。大戦略の創造と実行におけるリーダー間の信頼は特に重要だ。

命題6　戦略は「言葉」（レトリック）である

言語能力は政治の基本であり、戦略も、時間軸を含んだ「起承転結」のレトリックで表現されることが重要。

命題7　戦略は「本質洞察」である

戦略思考には、その背後にある真の意味やメカニズムを読む洞察力が要請される。目に見える戦闘の背後に働いている論理、具体的な戦果を背後からコントロールし、左右している構造やメカニズム、逆説的現象の背後にある実在とは何か。直接、観察できる事象や事態を通して、こうした実在の形成、再形成、衰退を明らかにすることこそ、戦略の論理を明らかにすることだ。直観力はコンテクストにおける経験を通じて質量ともに磨かれていく。同時に、多くの書を読むことで、事象の本質と発展法則を洞察する素材を得られる。

命題8　戦略は「社会的に」創造される

戦略は人と人との相互作用のなかで生成され、正当化される。対話を通じた複眼的な思考のほうが、何が正しい戦略なのかという、真実に接近する能力を高める。

命題9　戦略は「義」（ジャスティス）である

戦略という知は真・善・美を希求する。善の典型は正義である。

命題10　戦略は「実践知」（フロネシス）である

フロネシスの出所は、アリストテレスの『ニコマコス倫理学』である。アリストテレスは知識をエピステーメ、テクネ、フロネシスに分類した。エピステーメは分析的な合理性を基礎とし、普遍的な一般性を志向する。時間や空間に左右されないコンテクストから独立した客観的な知識（形式知）だ。テクネはテクニック、テクノロジー、アートに対応する。実用的な知識やスキルを応用し、何かを生み出したり、創り出したりする技能（暗黙知）である。

フロネシスの概念にたどりつく

フロネシスは賢慮、配慮、実践的知恵、倫理などと邦訳されますが、同書では「賢慮」という訳語を使っています。フロネシスは、価値についての思慮分別とコンテクストに依存する判断や行為を含んでいます。常識の知、経験や直観の知を志向する実践的な知恵（高質の暗黙知）です。アリストテレスは、３つの知の効用はフロネシスの概念に綜合されると考えていました。

フロネシスは、日常の言語や非言語のコミュニケーションで他者の気持ちの理解、共感、感情の機微の察知、自他介入のタイミングと限界点の配慮などを通じて養われる理解と創造の自由演技であり、知的パフォーマンスです。コンテクストの意味を読み、壮大な理論につなげる自由な思考の冒険です。賢慮型リーダーは個々のコンテクストを直視し、どの側面が検討に値するのか、どの側面は無視してよいのかを察知します。

フロネシスはアリストテレスによる概念ですが、『戦略の本質』プロジェクトの研究対象のなかで、フロネシスを体現しているとみられたのは、英国のウィンストン・チャーチル（１８７４〜１９６５年）でした。

チャーチルは、バトル・オブ・ブリテン（１９４０年７〜10月）の主役です。絶頂期にあったドイツ空軍の攻撃に英国が耐え、その存続を確保し、最終的に戦争の大きな流れを変えました。ドイツ軍の攻撃は目標を達成できず、英国は攻撃を何とかしのいで目的を達成しました。

チャーチルはアドルフ・ヒトラー（１８８９〜１９４５年）との妥協を拒否し、ドイツの攻撃に対する抗戦の意志と能力を示そうとしたのです。この戦いの持つ意味を的確に把握し、それを格調高いレトリックを使った議会演説やラジオ放送を通じて国民に訴えました。ドイツ軍の空襲による被害地を見て回り、自分の姿を見せることによって国民を鼓舞し、士気の阻喪を防いだのです。

同書は最後をこう結んでいます。

戦略の本質は、存続を賭けた「義」の実現に向けて、コンテクストに応じた知的パフォーマンスを演ずる、自律分散的な賢慮型リーダーシップの体系を創造することである。（『戦略の本質』４５９ページ）

戦略の本質とは何かを追究するなかでたどりついたフロネシスの概念は、それ以降の私の研究活動に大きな影響を与えています。私は「知識創造理論」で、暗黙知と形式知の相互作用のなかから、新しい知識を生み出す基本原理を解明しました。そうした組織を動かしているのは人間であり、リーダーの役割が大きいのです。それではどんなリーダーなら、知識を創造できる組織をうまく運営できるのでしょうか。

その答えが、賢慮型リーダーなのです。『戦略の本質』は6つの戦争研究から、戦略に関する10の命題を導き出しましたが、軍事戦略だけではなく、組織や個人による戦略全般に通じる内容といえるでしょう。

知識創造企業のリーダーは、ビジョン、対話、実践、場、知識資産、環境をトータルに関連づけ、知の綜合力を発揮させるダイナミックなプロセスを実践します。その根底にあるのはフロネシスなのです。

リーダーに求められる創造的適応

『失敗の本質』発刊から四半世紀が過ぎた2011～12年、同書の執筆陣を中心に、その後の研究成果を踏まえて同書を回顧する特集記事を2回に分けて雑誌に連載した。連載をまとめて収録したのが2012年発刊の『失敗の本質　戦場のリーダーシップ篇』である。

『失敗の本質』は失敗した戦闘という一回限りの出来事から、普遍性を抽出しようとする試みでした。私は歴史家ではありません。歴史を学ぶのは、よりよい未来をつくるためであり、極論をすれば、『失敗の本質』はよりよい未来をつくるためのフィクションに近いといえます。もちろん、事実に対しては極力、謙虚な態度を維持しなければなりませんが、よりよい未来をつくるために新しい歴史観を提示しようとしたのです。

回顧特集では、『戦略の本質』でつかみ取ることができたフロネシスの概念を軸に、日本軍のリーダーたちの失敗と、数少ない成功事例を検証しました。現在のリーダーや組織にとっての教訓を引き出すのが狙いです。

私が取り上げたのは、硫黄島の戦いの指揮を執った栗林忠道、沖縄戦を戦った牛島満、インパール作戦の牟田口廉也、駐モンゴル軍司令官を務めた根本博、レイテ沖海戦で第1遊撃部隊を率いた栗田健男、キスカ島撤退作戦を成功させた木村昌福です。

例えば、栗林は現場に這いつくばり、ディテールを直接、観察したうえで、水際では戦わずに島の内部に引き込んで戦う作戦を練り上げました。自決や万歳突撃などは禁止し、兵力の損耗をできるだけ抑えながら、最後の一兵まで戦うことで戦略合理性を貫徹したのです。

栗林は、フロネティック・リーダーの3要件（私は同書では、後述する6つの能力を現場感覚、大局観、判断力の3つに集約しました）を兼ね備えていました。

結果として日本軍はほぼ全滅に近い形になりましたが、当初の目的の持久戦には成功しました。

実践知や、文脈の背後にある関係性を読み取る能力を身につけるためには、修羅場経験が必要です。どのような師と出会い、どのような関係を築いたかも大切です。教養（リベラル・アーツ）も重要な要素です。哲学や歴史、文学などを学ぶなかで、関係性を読み解く能力を身につけることができるからです。

真珠湾攻撃は日本軍の数少ない成功例の一つです。その後の日本軍は数少ない例外を除き、米軍に連戦連敗を喫しました。その原因は戦略やリーダーシップの欠如、非合理的思考、陸海軍の非協力など様々ですが、何よりも致命的な瑕疵は、緒戦の勝利に甘んじ、無敵艦隊と称して驕慢に陥り、作戦・戦闘の軌跡を謙虚かつ真摯に反省し学習する知的な努力を怠ったことです。日本軍は米軍に知的に敗れたのです。

新たな知を紡ぐには、様々な情報を広く集めながら、背後にある文脈を理解し、適切な取捨選択をしなければなりません。そのうえで、何かと何かを組み合わせ、新しい概念をつくりだし、その概念を形にして実際に使えるかどうかを試してみることが重要です。

日本軍の失敗例からは、モノではなくコトでとらえる大局観（西安事件に対する誤った評価）、不都合な真実に目をつぶらない（日独伊三国同盟の樹立）、多様な知・多様な人材（真珠湾攻撃前の政治外交の失敗）、リーダー同士の目的の共有（ミッドウェー海戦の敗北）、新しいコトを生み出すイノベーション思考（ガダルカナル島の戦いの敗北）の重要性が浮かび上がります。

現在のリーダーに求められる役割は、想定外の現象への対応＝新環境への創造的適応ではないか、と問題を提起しています。

ノルマンディー上陸作戦に挑む

先へ進みましょう。『戦略の本質』では事例研究の候補としてノルマンディー上陸作戦も挙がっていました。第2次大戦の勝敗を決定づけた作戦です。連合軍はドイツが占領していたフランス北西部のノルマンディーに上陸し、ヨーロッパ戦線の転機となりました。落下傘部隊の降下、上陸予定地への空襲と艦砲射撃、上陸用舟艇による上陸を敢行しました。

計画から実行まで2年2カ月を要し、従軍した将兵は米国、英国、カナダ軍を中心に約300万人にのぼります。上陸作戦としては史上最大規模であり、1944年6月6日の上陸作戦だけでも39個師団が参加しました。ドイツ軍の抵抗でノルマンディー地方の制圧には2カ月以上かかりましたが、同年8月25日にはパリを解放しました。上陸開始日が「D―デイ」です。

『戦略の本質』では、複雑で膨大なストーリーとなるノルマンディー作戦を取り上げるのは断念しましたが、私の記憶には深く刻まれていました。

時を経た2012年夏、私たちは、日本企業30社の経営幹部を集める研修会「ナレッジ・フォーラム」で、アントニー・ビーヴァー著『ノルマンディー上陸作戦1944』を事例研究の対象にしました。リーダーシップがテーマで、誰のリーダーシップが優れていて、誰がお粗末だったのかを議論したのです。

議論に参加した私は、上陸作戦だけではなく、前後の国際情勢にも目を配り、構想から実行までを仔細にたどりたいとの思いを強めました。危機のリーダーシップの本質が見えてくるのではないかと考えたのです。

私の構想に出版社も同意し、2014年に出版にこぎつけたのが、『史上最大の決断』です。

同書では、上陸作戦を時系列で追いながら、作戦をめぐる様々な人間の動きを詳細に描写しています。国家の資源をどう使うのかを決める「大戦略」に関わったのは、英首相のウィンストン・チャーチル、米大統領のフランクリン・D・ルーズベルト（1882～1945年）、自由フランス主席のシャルル・ド・ゴール（1890～1970年）、ソ連共産党書記長のヨシフ・スターリン（1878～1953年）。この4人に対峙したのがドイツ総統のアドルフ・ヒトラーです。

それより一段下の軍事戦略に関わったのは、米国側では連合国派遣軍最高司令部の欧州線域での最高司令官、ドワイト・D・アイゼンハワー（1890～1969年）、米陸軍参謀総長のジョージ・C・マーシャル（1880～1959年）です。

同書では、『戦略の本質』で発見した「フロネシス」の概念を手掛かりに、多士済々の登場人物のリーダーシップを診断します。各国首脳のなかでは、チャーチルを最も高く評価し、ヒトラーの評価は低くなりました。

ただし、ノルマンディー上陸作戦に限ってみると、チャーチルは北西ヨーロッパへの侵攻よりも地中海での戦いを重視するなど、どちらかというと勝利にマイナスに作用する言動が多いのです。

アイゼンハワーに着目

同書でフロネシスを備えたリーダーとして描いたのはアイゼンハワーです。気象条件を勘案しながら6月6日の決行を「よろしい、やろう！（We'll go!）」と決断しました。ノルマンディーに向けて出発した大船団には、「君たちはこれからドイツの戦争マシーンを破壊し、ヨーロッパの抑圧された人々に対するナチス政権の圧政の息の根を止め、自由世界に暮らすわれわれに安全をもたらすために、出撃する」と激励するメッセージを送ったのです。

翌日にはノルマンディーの地を自らの足で踏みました。戦場で見聞きしたことをもとに作戦計画を修正する作業に取りかかりました。

米国で待機している部隊を欧州戦線に組み入れるため、それまで占領していた港以外の港（マルセイユ港）を手に入れるために実行した南仏上陸作戦にチャーチルは最後まで反対し、ブルターニュ半島経由での侵攻を主張しました。アイゼンハワーは、チャーチルは軍事的見地からではなく、政治的見地からブルターニュ侵攻を主張していると感じ、反論しました。戦争終結後、バルカン半島にはソ連軍ではなく、英米連合軍が駐留したほうが政治的に安定するという思惑があると推測したのです。

「純粋に軍事的見地から議論するのでしたら、あなたの主張に同意するわけにはいきません。軍事面においては、私だけにすべての責任と決定が任されていると信じるからです」と突っぱねました。

ヒトラーが最後の賭けに出たバルジの戦いでは、フランスや英国から予備軍を呼び寄せ、南北両面からドイツ軍の侵攻地帯に向けて援軍をすばやく移動させ、ドイツ軍をたたきました。

アイゼンハワーにみる実践知リーダーの能力

同書では、フロネシスについて改めて説明しています。フロネシスは実践と知性を総合するバランス感覚を兼ね備えた賢人の知恵です。多くの人が共感できる善い目的を掲げ、個々の文脈や関係性のなかで、最適かつ最善の決断を下すことができ、目的に向かって自らも邁進する人物（フロニモス）が備えた能力です。予測が困難で、不確実なカオス状況でこそ真価を発揮し、新たな知や革新を持続的に生み出す未来創造型のリーダーシップに不可欠の能力でもあります。

そして、数多くの優れた政治家、軍人、企業のリーダーを研究した結果、実践知リーダーは６つの能力を備えていると主張します。

実践知リーダーの能力については『戦略の本質』でも触れていますが、『史上最大の決断』では、第８章で、ノルマンディー上陸作戦を成功させたアイゼンハワーの事例に即して６つの能力を詳述しています。

①善い目的をつくる能力

Ｄ－デイの朝、ノルマンディー上陸作戦に向かう艦船のなかで朗読されたメッセージには、「大いなる聖戦」「自由世界に暮らすわれわれに安全をもたらすために」「この偉大で高貴な企てに、全能なる神が祝福を与えんことを」といった人々を鼓舞する理想が込められていた。彼の善や偉大さに関する概念はユートピア的観念論ではなく、実践のなかで磨かれる人間の共通感覚（常識）に根差していた。

②ありのままの現実を直観する能力

部分と全体を常に往還し、名詞形ではなく、動詞形で物事をとらえるプロセスがないと現実をうまくとらえられない。アイゼンハワーは観念論を排し、リアリズムと直接経験を重視する実践派の軍人だった。D－デイを決めるとき、毎週月曜日に向こう3日間の天気を予報させ、その的中率を週後半で確かめるという方法で、4月からずっと気象チームの技量を試していた。

③場をタイムリーにつくる能力

場づくりこそ、アイゼンハワーが非常に得意とするところだった。明るい性格の楽観主義者で、人の話を聞くのが大好きで、アイク・スマイルと呼ばれた底抜けの笑顔でチームをうまくまとめた。場づくりの基礎となる人事に徹底的にこだわった。

場からせり出してくる情報を無心に浴びて自らの暗黙知を豊かにするとともに、他者の心の中で何が起こっているのかを予測し、その意味を総合的に解釈する。こうした働きを適時かつ適切にできる能力が文脈力であり、アイゼンハワーはこの能力に恵まれていた。

④直観の本質を物語る能力

アイゼンハワーは歴史的コンテクストに即した隠喩や物語をつくる能力にたけていた。戦略は物語りである。ここで挙げている「物語り」は、「物語」とは異なる概念である。物語（ストーリー）は複数の出来事を並べて記述したもの、物語り（ナラティブ）は複数の出来事の間の相関関係に即して語ることを指す。

筋立て（プロット化）には、ロマンス劇、風刺劇、悲劇などがあるが、最も重要な筋書きのテーマは「善の勝利」である。それを象徴するのはロマンス劇すなわち青春の探求と成長の物語りであり、アイゼンハワーは、戦中は西部劇のヒーローの三文小説や映画を好んだ。名文家で、自著『ヨーロッパ十字軍』には歴史的洞察に富んだ筋書きが随所に見られる。重要な演説の草稿は最終的には自分ですべて書いた。無駄な言葉や大げさな表現はなく簡素な表現が多かったが、聞く人の心を打った。

⑤物語りを実現する能力（政治力）

アイゼンハワーは多くの人を「彼のためなら一肌脱ごう」と思わせる「人たらし」であっ

た。構想や物語りを実現するための大きな推進力となった。権力闘争の場だった連合軍という組織にあって、親和力主導の政治力を発揮した。

⑥実践知を組織する能力

アイゼンハワーは自分ですべて抱え込もうとせず、各組織の優れた人材をうまく使った。

評価されるべき凡人の非凡な仕事

終戦後の1953年、アイゼンハワーは第34代の米大統領に就任しました。同書では、大統領としてのアイゼンハワーの行動も取り上げ、その実践知を高く評価しています。

大統領としては「愛想がよく、落ち着いている。逆に言えば優柔不断なところが多く、祖父のようなリーダー」との評価が定着していましたが、「第3次世界大戦を防いだ男」と再評価する向きもあります。笑顔を絶やさないソフトな外見とは裏腹に、実は「隠れた手」で大戦争の惨禍に再び人類が巻き込まれないように様々な工作をしていたのです。

伝記作家のジーン・エドワード・スミスによると、アイゼンハワーの功績を以下のように要約できます。

朝鮮戦争を終結させた。米ソの敵対関係を安定させ、激化させなかった。ヨーロッパ諸国の植民地主義に加担せずに、ヨーロッパ連合を強化した。国際的には孤立主義を避け、国内的にはマッカーシズムから共和党を救った。経済的には繁栄を維持し、産業を均衡させ、技術革新を促進した。ただし、黒人の市民権運動には消極的だった。

6つの実践知の観点から見てみましょう。アイゼンアワーは、核戦争を起こさせない、軍事予算をこれ以上膨らませない、国民の生活を守るといった大義を掲げました。軍産複合体の脅威にいち早く気づき、1961年、大統領を離任する際の最後の演説でそれに触れています。「善い目的をつくる能力」にたけていたのです。

8年間の大統領在任中、ハンガリー動乱（1956年）、ソ連による人工衛星スプートニク打ち上げ成功（57年）、ソ連が打ち出したベルリン中立化構想によるベルリン危機（58年）、ソ連が領空侵犯した米国の偵察機を撃ち落としたU－2事件（60年）など一触即発の大事件が頻発しましたが、「ありのままの現実を直観する能力」でうまく対処しました。

彼は共和党員ですが、民主党とのバランスを忘れませんでした。ソ連の要人とも個人の付き合いを欠かさず、東西の雪解けを促進しました。「場をタイムリーにつくる能力」を発揮のです。

大統領選では「I Like Ike（アイクが好き）」という分かりやすいキャッチコピーをつくり、テレビCMを使って知名度を上げました。「直観の本質を物語る力」をうまく発揮したのです。

大げさに物を言って相手を牽制し、ときには煙に巻きました。ある問題に対して直接的な回答を述べるのをできるだけ回避したのです。ソ連のニキータ・フルシチョフ（1894～1971年）はこのやり方に振り回されました。「物語りを実現する能力（政治力）」に一層、磨きがかかっていました。

ジョン・フォスター・ダレス（1888～1959年）を国防長官に登用し、外交政策に活用したのは、「実践知を組織する能力」の表れです。

アイゼンハワーが人間的に温かく、開放的かつ直観的とすれば、ダレスは冷たくて気難しく、論理的な人間でした。自分とは対極の部下が最大限の力を発揮できる場を、持ち前の親和力で創ったのです。

ここぞという決定的な瞬間には、強制力というパワーで脅しもかけました。朝鮮戦争が膠着したときには中国に対して核兵器の使用も辞さずと暗示し、休戦協定に持ち込みました。

アイゼンハワーはごく普通の人間だったにもかかわらず、なぜ歴史に足跡を残すリーダーになれたのでしょうか。同書では、凡人を非凡人に変えた要因にも触れています。真のリーダー不在が指摘される日本の現状を打開するヒントを得られるのではないでしょうか。

第 5 章

総決算

国家レベルの指導力に迫る

マクロの視点欠如の批判に応える

研究チームは『失敗の本質』『戦略の本質』という成果を生み出し、高い評価を受ける一方、一部の有識者から批判も浴びた。両書とも戦争の中の特定の作戦に焦点を絞っているために戦争指導の観点が抜け落ち、ミクロの作戦に終始してマクロ（国家）の視点がないとの声が出たのである。

『失敗の本質』は、敗戦を喫した日本軍の組織特性を明らかにするのが目的でした。国家指導者たちの行動や意思決定の是非をめぐる議論はあえて避け、個々の作戦を俎上に載せて組織論を軸に議論を展開したのです。『戦略の本質』も個々の作戦に焦点を当て、組織論を軸に命題を導き出しました。戦争指導の観点は重要だと認識しながらも、あえて深入りしなかったのです。

しかし、組織論をベースにした研究にはひとまず区切りがついたため、研究チームは研究を新たな次元に飛躍させようと考えました。戦史を対象とする研究から、現代の日本が抱える根本的な課題に応える研究への転換と飛躍を目指したのです。

『戦略の本質』では、戦略そのものに加えて戦略を実践するリーダーの存在の重要性を指摘しました。今度は、その延長線上で、国家経営を担う指導者（国家経営者）に着目し、優れた指導者による国家経営の具体例を通して国家経営とはどうあるべきかを考察したのです。

こうした研究に取り組んだ背景には日本の低迷があります。バブル経済が崩壊した日本では、経済の不振が続き、政治も混迷を深めました。とりわけ、２０１１年の東日本大震災後、国家的な危機に国家の統治機構が効果的に対処できず、迷走を重ねました。

政府首脳の政治指導力やリーダーシップの不足あるいは欠如を嘆く声が広がりましたが、政治リーダーの指導力不足はバブル崩壊以後から指摘されていました。それでは、政治の真のリーダーシップとは何だろうかという問いが生まれたのです。

真のリーダーは明確な国家像（ビジョン）を描き、実現のための具体的な政策を提示し、政策を実行する基盤を構築します。支持者を巻き込み、人々を牽引していく力、言い換えれば「国家経営力」とでもいうべき能力ではないでしょうか。研究チームはこうした仮説を立てました。

最初に研究会を開いたのは２０１２年６月。月に１回のペースで研究を重ねました。研究会のメンバーの半数は私を含む『失敗の本質』と『戦略の本質』と同じ顔ぶれですが、半数は新たなメンバーです。２年半をかけ、『国家経営の本質』が完成しました。

歴史の転換期１９８０年代を舞台に選ぶ

事例研究の対象にしたのは英国のマーガレット・サッチャー（首相、在任期間は１９７９〜90年）、米国のロナルド・レーガン（大統領、在任期間は１９８１〜89年）、日本の中曽根康弘（首相、在任期間は１９８２〜87年）、ドイツのヘルムート・コール（首相、在任期間は１９８２〜98年）、ソ連（現・ロシア）のミハイル・ゴルバチェフ（共産党書記長、大統領、在任期間は書記長が１９８５〜91年、大統領が90〜91年）、中国の鄧小平（共産党中央委員会副主席、国家中央軍事委員会主席、在任期間は副主席が１９７３〜80年、軍事委主席が83〜90年）です。

いずれも１９８０年代を中心に同時代に国家経営を担ったリーダーです。80年代は冷戦が終焉し、歴史が大きく転換した時期です。世界各国が国際的にも国内的にも政治、経済、社会の様々な面で大きな変化に直面し、変化のなかで、国家経営のあり方が問われていました。グローバリズムの潮流のなかで、政治的な決断力、構想力、イノベーション、リーダーシップが国家経営に決定的な役割を果たした時代だったのです。

6人のリーダーは歴史のうねりを始動させ、うねりに乗って歴史を動かしました。歴史に対する何らかの洞察力、自分たちが生きている時代がどのような歴史的な意味を持っているかを感じ取る創造力ないし構想力を備えていたのです。

6人は同時代に生きて同じ歴史のうねりに乗り、共通の課題を抱えながら、相互にそれぞれが抱える問題や問題解決の方法や、その基盤にある歴史や文化について語り合う機会を持ちました。

リーダーシップ・プロセスの4つのモード

同時代のリーダーを選んだのは、6人に共通する文脈や背景を探り出し、共通するリーダーシップのパターンを見出すためです。国家経営の要はリーダーであるという考えが根底にあります。

国家のリーダーの責務とは何でしょうか。政治力、経済力、社会力および資源力という国家固有の基盤となっている潜在能力を継承・発展させることです。

国家経営とは、グローバルな関係のなかで、自国の潜在能力を解き放ち、知略を機動させつつ安全保障を確保し、国富を持続的に発展させることです。このダイナミック・プロセスを率いるのがリーダーの責務であり、リーダーシップ・プロセスなのです。それを支える方法論が理想主義的プラグマティズムと歴史的構想力という知の方法論であると、全体を要約しています。

同書では、リーダーシップ・プロセスは4モードで構成されると説きます。アリストテレスが『ニコマコス倫理学』で提唱したフロネシスの概念をもとに展開した命題です。順を追って説明しましょう。

命題1　大志する（Aspiring）

指導者が、国家、さらには世界、そして人類にとって何が善なのかという共通善を自らの信念に基づいて志向する。共通善を言語にしたものが、国家目標としてのビジョンになる。

大志は究極的には「国の形」であり、あるべき国家像となるが、その発端は現実の日常生活のなかで世のため人のためになろうとする思い、怒りや人間愛から生まれる主体的で暗黙知的な信念である。

命題２　共感する（Socializing）

目指すべき共通善に照らして目の前の現実を深く洞察し、状況を判断し、それに基づいて他者と共感する。他者との共感、共振、共鳴に基づいた談話こそが、知を社会的にする政治プロセスである。国家のリーダーは現実を直視し、対象にコミットして現実を受け止め、他者と自らの信念のギャップを対話を通じて止揚する。そして初めて大衆を動機づける合意形成につながる。

知を社会的にするには、人々が集い、相互作用する「場」が必要である。場は物理的な空間だけでなく、仮想的（バーチャル）な空間も含む。場をつくり、動かしていくのはリーダーの役割である。リーダーには、過去の出来事や現実の事象、その変化の背景にある文脈を察知し、その場に適応する新たな関係性を補完したり、転換したり、創発したりする文脈力が必要である。

命題3　物語る（Narrating）

リーダーは現実を直視し、自らの信念を国家ビジョン、政策コンセプト、実践のプロセスへと体系化し、それを「物語り」として人々に示す。それが戦略である。「物語り」とは、物語（ストーリー）ではなく、ナラティブである。物語は初めと終わりがある完結した構造を示す「名詞的な」概念であるのに対し、物語りは、「動詞的な」概念である。単一の物語に収束せずに多様に発展していく。

国家のリーダーは、現在の多様に絡み合う関係性を把握し、過去からの蓄積である国家資産にどのような付加価値を加えて発展させるか、経済、政治、社会システムのバランスを取りながら未来に向けて発展させるかを、政策の物語りとして生成し、レトリックを駆使して国内外に浸透させる。その際に重要なのは、政策の先見性と一貫性である。

命題4　知略する（Maneuvering）

戦略の物語りを機動的に実践する。国家のリーダーは、パワー・マネジメントを駆使して変革を起動し、相互作用の場をつくる。指導者の個人知を集合知に変換し、国民の潜在能力を解き放つ。

ここで示したリーダーシップ・プロセスは、国家経営の理想像であるが、野中の知識創造理論と重なる要素が多い。また、『戦略の本質』プロジェクトのなかでたどりついたフロネシスの概念を、国家のリーダーにとって欠かせない素養として挙げている点も確認しておきたい。企業研究と戦史に関わる研究に同時並行で取り組み、新しい理論や概念を創造・発見したら直ちに「いま」の研究に取り入れ、その過程で理論や概念に磨きをかけている。

リーダーは共通善と戦略を語る

終章では、国家のリーダーシップ・プロセスを支える方法論を紹介しています。

1つ目は「理想主義的プラグマティズム」です。理想を掲げ、現実の文脈に即してより「善い」判断と行動で理想に近づきます。理想と現実の矛盾を、試行錯誤の実践によって止揚するのです。

2つ目は歴史的構想力。過去から未来を構想し、未来から現在を考える力です。事象の背後にある時空間の関係性を深く洞察して現在から過去を再構成し、未来に向かう物語りを創造する力ともいえます。国家のリーダーは、歴史家と同じように自国の物語りを構成できなければならないのです。

戦略とは現在に続く未来を実現するための実践であり、常に現在を起点とする新たな未来を描き続けます。戦略的物語りは、人々に真実を伝え、起きる出来事を予期させ、判断や行動の規範を示し、現在から未来への道筋を明らかにして物語りの筋書きに合うような行動を促します。国家のリーダーはどうあるべきか。同書はこう集約しています。

国家指導者は、国の歴史や伝統、文化などの知識資産に立脚し、国民が共有する経験知としての過去の出来事を適切に結び合わせて解釈し体系化して、そこから国家の未来のあるべき姿を組み立てなければならない。国家の歴史や伝統、文化を理解するためには、現場を訪れて身体の五感を駆使して感じ、共感感覚を磨いておく必要がある。同時に、国を出て、国を取り巻く地域の知を取り込み、多様な歴史や価値観を受け入れなければならない。そうすることで、国家指導者としての歴史的構想力の幅が広がり深さが増していく。（『国家経営の本質』２８４ページ）

同書の最終節は「現代日本へのメッセージ」です。日本のリーダーたちは自らが目指す共通善と戦略を語ってきませんでした。明治初期や敗戦直後も、共通善や戦略はほぼ自明であり、単純明快で多くの人に共有されていたためです。しかし、21世紀の現在にはそうした条件は存在しません。

国家のリーダーを選ぶのは国民です。目先の利害を言い立て、架空の「害」を除き、目に見える「利」をもたらすことを約束する政治家に支持を与えがちになります。それでもなお、国家のリーダーたらんとする人たちは、共通善とそれを実現する戦略を物語るべきです。国民も、リーダーが物語る歴史的構想力に支えられた理想とそれを実践する戦略に耳を傾け、理解しなければなりません。リーダーが共通善の実現を目指して実践する一連の行動を観察し、監視しつつ支持しなければならないのです。

再び米海兵隊へ――『知的機動力の本質』

野中は『失敗の本質』を上梓して以来、日本軍が敗れた相手である米海兵隊に関心を持ち続けている。米海兵隊を「自己革新組織」と表現し、強さの秘訣を明らかにした『アメリカ海兵隊』（１９９５年）の出版後も、組織研究を継続してきた。その集大成が『知的機動力の本質』（２０１７年）である。

同書では、海兵隊の最新の動向を踏まえ、組織の特質を改めて分析しています。海兵隊の研究を続ける理由は第1に、真っ先に戦場に赴く海兵隊は国の命運や兵士の命が文字通り懸かっているので、勝つ組織を目指して絶えず自己革新しながら進化しており、組織論の研究対象として興味深いためです。第2に、安全保障と経済は車の両輪であり、危機に対処するために即応体制にある海兵隊を偏見なく理解してもらいたい気持ちがあるからです。第3に、海兵隊はこれからの組織のあり方を示唆していると考えているためです。

同書は海兵隊の「知的機動力」を解説した第1部、海兵隊のドクトリン『ウォーファイティング』の全訳（１９９７年発行の第2版に基づいています）を掲載した第2部からなります。ウォーファイティングは、海兵隊ドクトリンの全マニュアル体系（全10巻）の頂点に位置し、海兵隊員の任務活動の中核をなす包括的な考え方を示しています。翻訳にあたっては何度も言葉を吟味し、今の日本企業にとって大きな示唆のある内容をどのように伝えるかに苦心しました。

歴史と理論を一体化して自己革新能力を解明

第1部第1章では、海兵隊の歴史を概観しました。２００１年の米国での同時多発テロを契機としたアフガニスタン紛争、２００３年に始まったイラク戦争など『アメリカ海兵隊』を上梓した後の動きもフォローしています。テロとの戦いのなかで、地元住民との協調体制を取りつつ、テロリストの排除作戦を遂行しているほか、中国軍の脅威が高まる環境下で新たな役割を担っている現状を紹介しています。

理論編では、まず、第2章でコンティンジェンシー理論の枠組みを使い、海兵隊がどのように環境が生み出す不確実な情報に対応しているのかを検証しました。

コンティンジェンシー理論によると、環境、組織志向、組織構造、成員属性、組織過程の相互作用によって成果が生まれ、その成果は環境、組織志向、組織特性にフィードバックします。そうしたサイクルを通じて各要素をバランスよく適合させるような情報処理の能力を構築し、組織は環境に適応します。海兵隊の組織をコンティンジェンシー理論の要素別に解析したのです。

ただし、海兵隊の発展の歴史を振り返ると、要素分析だけでは説明できない側面が数多くあります。海兵隊は環境の不確実性に受動的に適応するだけではなく、自らを主体的に変化させ、変化を先取りして能動的に革新を生み出す能力を兼ね備えています。そこで、同書では「組織的知識創造理論」を応用し、海兵隊の自己革新能力に迫りました。

その過程で、「知的機動力」という新しい概念を提示しました。共通善に向かって実践知を俊敏かつダイナミックに創造、共有、練磨する能力を指します。

リーダーだけではなく、組織のメンバーの一人ひとりが現実の市場や技術などの環境変化と組織の動きを感じ取り、組織のビジョンやゴールに向かって組織やその構成単位が正しい方向に進んでいるかどうかを適時適切に判断します。そして、戦略や戦術をダイナミックに変えながら組織的に行動する能力を意味しています。

海兵隊は、多様な組み合わせや関係性を状況に応じてつくりながら有効な知的機動力を発揮しています。第3章では、組織的知識創造、実践的賢慮のリーダーシップ、士官・下士官のミドルを要とするミドル・アップ・ダウンが相互作用をしながら、あらゆるレベルでSECIのプロセスが回る、海兵隊の「知的機動力モデル」を示しました。海兵隊の知的機動力の根源は、変化の激しい環境の下で、人間による知識創造の仕組みに即した形で、組織全体としての知識創造を最大にし、共有している点にあると結論づけています。

第3章の締めくくりの部分を引用しましょう。

今の時代には、どの組織も生き残れる保証はない。海兵隊は、一七七五年の創設以来、何度も存在価値を問われてきた組織であり、その度に自己革新組織として変わり続けて成果を出し、すなわち知的機動力を発揮し新たな存在価値を創造することで、二百四十年もの長い時間を生き延びてきた。

先が読めないほど組織を取り巻くグローバル知識環境の変化が激しい今の時代には、俊敏かつ知的な判断・行動を可能とする組織の知的機動力が必須である。知的機動力は、組織成員一人ひとりの心と体を一つにすることで組織が一つの心と体を持って環境に棲みこむ、すなわち「組織・環境一心体」になることで実現できる。（『知的機動力の本質』171ページ）

進化し続ける魅力的な題材

同書を上梓した後も、海兵隊への興味は尽きません。創立以来、存在意義を問われ続けている海兵隊は、2030年に向けた大改革に取り組んでいます。20年3月には「フォースデザイン2030」を発表しました。攻撃よりも防御を重視し、上陸作戦の比重を大きく下げ、対艦巡航ミサイルや無人機などのテクノロジーを活用して防御力を高め、中国からの侵攻を阻止する構想です。

海兵隊は「水陸両用作戦」で日本を破りました。一つひとつ島を取って日本を攻撃する「海から陸へ」という発想です。ところが中国が今、実行している「一帯一路」はその真逆で、「陸から海へ」です。銀行をつくり、各国のインフラ構築をサポートする。まさに戦わずして勝つ構想なのです。

そこで、海兵隊は陸軍の補完ではなく、「海から陸へ」の原点に回帰しようとしています。戦車を陸軍に返還し、歩兵の数を減らす。その代わり弾道ミサイルを充実させ、ドローンを活用する。島を取るだけではなく、沖縄県の尖閣諸島も含めた島を守る。「水陸両用作戦」に匹敵する大改革です。

過去の作戦のように一個連隊が一つの離島を防衛するという運用ではなく、輸送機を活用して複数の離島に兵力を配備し、相互に連携して広範囲の海域を防衛します。新海兵隊は極めてオープンです。海兵沿岸連隊は、日本が南西諸島に展開している陸上自衛隊の島嶼配置部隊との連携を想定しています。

根底には、安倍晋三氏が首相在任中に提唱した「自由で開かれたインド太平洋」戦略があります。海兵隊は日本の自衛隊と密接に連携する必要に迫られているのです。

最近、在日米軍の海兵隊のトップと会う機会がありました。そのとき、「なぜ海兵隊では思い切ったイノベーションが起こるのか」と質問すると「国民は陸・海・空軍の存在は理解するが、海兵隊はよく分からない。だから、われわれはいつも何を目的とするかを考えている。議論するのはコストがかからない」と答えたのが印象的です。

海兵隊の研究は、私のイノベーション研究にも大きな収穫をもたらしています。現在、一橋ビジネススクール国際企業戦略専攻（一橋ICS）の一期生の教え子が、米空軍のジェネラルとなって横田基地に赴任しています。彼を中心に、海兵隊のナンバー2や航空自衛隊のナンバー2らも交えて定期的に知的コンバットの場を設けています。

戦史に関わる研究の総決算──『知略の本質』

戦史に関わる研究の総決算といえるのが『知略の本質』である。国家のリーダーにスポットを当てた『国家経営の本質』の刊行後、コリン・グレイやローレンス・フリードマン（１９４８〜）による戦略論の新たな研究成果を取り入れ、再び軍事研究に戻り、戦略の本質を再検討したのである。

『失敗の本質』以来の戸部良一と私にロシア史が専門の麻田雅文、軍事社会学が専門の河野仁が加わり、共同研究を重ねました。

今回選んだ事例は、第2次大戦における独ソ戦（モスクワ攻防戦、スターリングラードの戦い、1941〜45年）、バトル・オブ・ブリテンと大西洋の戦い（1940〜43年）、第1次インドシナ戦争とベトナム戦争（1946〜75年）、イラク戦争と対反乱作戦（1991〜2008年）です。

できるだけ現代に近い事例を取り上げたのは、現代にとっての含意を明確にするためです。『戦略の本質』と同様に逆転を成し遂げた事例を選びましたが、米国の事例だけは逆転できなかった事例、あるいはまだ逆転を成し遂げていない事例です。

事例研究を詳述した後、終章「知略に向かって」で全体を総括しています。その内容を紹介しましょう。

知略とは何か。戦略現象を「二項動態」として把握し、状況と文脈に応じて具体的な戦略を実践していくこと、と同書では定義しています。

終章は、軍事戦略には「消耗戦」と「機動戦」があるとの説明から始まります。消耗戦とは、軍事力を最大限に生かし、敵を物理的な壊滅状態に追い込む戦法です。

一方、機動戦とは、意思決定と兵力の移動・集中のプロセスを迅速にすることで、敵よりも物理的・心理的に優位に立ち、戦いの主導権を握る戦法です。敵が予測しないような行動で敵の最も脆弱な点を突き、敵の混乱に乗じて勝つ方法といえます。

消耗戦と機動戦はよく対比されますが、現実の戦争では両者は連続して起きます。戦闘でも局面に応じて入れ替わります。２つの戦法を時と場合によって使い分け、総合できれば、最も効果的にしかも短期間で勝利できるとの見方を示しています。事例研究でも、消耗戦と機動戦を柔軟に使い分けた側が勝利を収めているのです。

『孫子』――情況・帰結アプローチ

次に、機動戦に的を絞り、戦略論の系譜をたどります。

中国には２５００年前に書かれた戦略論の古典、『孫子』があります。そのなかに「奇・正」という考え方があります。『孫子』は「すべての戦争は正法をもちいて敵を受け止め、奇法でうち勝つものである」と説きます。『孫子』は『老子』と影響し合っており、『老子』の水のメタファーが中国の戦略論の特徴である「情況・帰結アプローチ」につながっています。水は地形や器に合わせて形を変えつつ、高いところから低いところへ流れます。そのように柔軟な水でも、ときには激しい流れとなって石も浮かべて押し流します。

一方では情況に従い、他方では自分に有利な情況をつくり出します。望ましい帰結は勝利なので、それに向かって情況に合わせつつ、優位な情況をつくりながら戦うのです。

これは、西洋の戦略論の強みである分析的な因果推論に基づく「手段・目的アプローチ」が、予測しがたく不確実で因果推論が難しい複雑な戦場では必ずしも有効ではないという弱みを補完する考え方です。

西洋に中国の戦略思想を紹介したバジル・リデルハートは「戦争はコインのように二面性を持つ」といいます。「情況・帰結アプローチ」と「手段・目的アプローチ」を区別し、前者の真の目的は、有利な情況を求め、敵を撹乱することだと説明します。リデルハートは、孫子のいう「戦わずして敵兵を屈服させる」ことこそ最高に優れた兵法だと指摘しました。

ジョン・ボイドは中国の戦略論をさらに発展させました。戦いの望ましい帰結として、戦わずして屈服させる、長期戦を避ける、を挙げました。新たな戦い方として、新総力戦を提案します。使用可能なネットワーク（政治・経済・社会・軍事）すべてを使い、敵の戦意をそぐのです。

そして、戦略思想にダイナミックな認知モデルを取り入れたＯＯＤＡ（ウーダ）ループを示しました。観察（Observation）、判断（Orientation）、決定（Decision）、行動（Action）の4つの意思決定プロセスからなります。ＯＯＤＡループをすばやく回す俊敏性が、自軍に情報と行動の多様性を生み出します。先手を取り、敵が適応せざるをえないような情況を創り出し、戦いの主導権を握るのです。

物語りの方法論

私が特に注目するのが、ローレンス・フリードマンの大著『戦略の世界史（上・下）』です。同書は聖書や古代ギリシャの神話、孫子、マキャベリの古典、クラウゼヴィッツやリデルハートの軍事戦略、カール・マルクスやマックス・ウェーバーの政治・経済戦略や企業の競争戦略を論評の対象にしています。

フリードマンは「戦略とは、矛盾を解消するパワー創造のアートである」と指摘し、オープンエンドの物語り（ナラティブ）の方法論が最も有効だといいます。

なぜ、物語りの方法論が有効なのでしょうか。戦略には、直感的思考に含まれている偏見などを論理的思考で排除しながら、可能な限り論理的・分析的思考で合理的に情況を認識し、変化の動向を見極めながら、行動プランを立てて実行していく面があります。他方、実際には戦争あるいは戦闘の勝敗の行方や市場・技術の競争情況の変化は予測しがたく、その都度、混沌のなかで本質を直観し、物語りにしながら実行していく面もあります。

フリードマンはそうした性質がある戦略を、同じ人物が登場しながらも、一連のエピソードを通じてプロット（筋）を展開していくソープオペラ（アメリカの石鹸会社がスポンサーになった主婦向けの昼の連続メロドラマ）にたとえるのがふさわしい、と指摘します。

ソープオペラでは、そもそもドラマがどのように進行し、どのように終わるかが確定していません。ソープオペラのプロットには、変化を許容する高い自由度があります。同様に、戦略のプロットも高い自由度を許容する必要があり、戦略の多くは次の段階へと展開しますが、それは最終目的ではありません。

フリードマンはプロットに関連づけて、スクリプト（台本）という概念を紹介しています。スクリプトは、ある情況で一連の行動パターンとして何をすべきかを示唆します。無意識の行動規範と言い換えられます。変化が激しく予測が難しいにしても、戦史や経営史が示す過去の行動パターンはヒントになります。スクリプトは、プロットを形成・実行する一助になり、戦略の「身体知化」を助けるのです。

知略モデルを見出す

機動戦に関わる戦略論を概観した後、独自の「知略モデル」を提示します。

「知略」とは「知的機動力」で賢く戦う哲学であり、過去、現在、未来の時間軸で、共通善のために「何を保守し、何を変革するか」を、動的なバランスを取りつつ、常に組織のなかで本質直観を共創しながら行動し続ける戦い方を指します。知的機動力とは、共通善に向かって実践知を俊敏かつダイナミックに創造、共有、練磨する能力であると、定義します。

現実の戦略・作戦・戦術では消耗戦と機動戦が混在しますが、相互補完の関係にありま す。軍事組織は適応と革新、変化と安定、アナログとデジタルといった様々な対立項や矛盾に対峙します。知略は矛盾を解消する弁証法なのです。どちらも真理だが、どちらも半面の真理でしかないとあきらめ、「中庸」を採用します。完全な調和はないと知りつつ、情況に応じて、よりよい均衡に向かって矛盾を高次のレベルに止揚するのです。「あれかこれか」

の二項対立ではなく、「あれもこれも」の考え方に基づく二項動態としてとらえます。

そして、軍事戦略は究極には知力の勝負であると強調し、知力とは、知識創造プロセスを究極の情況で組織的かつ持続的に実現できる能力であると議論を展開します。

このプロセスを表現するモデルとして、私が知識創造理論のなかで提示した「SECIモデル」を紹介しています。知略では、「SECIモデル」のプロセスがスパイラルアップしながら、危機のもとで直面した矛盾を二項動態で克服していきます。このプロセスを回転させ加速するのが、フロネシスなのです。

知略モデルとは何でしょうか。個人・集団・組織の認識軸と、暗黙知・形式知のスペクトラムを示す知識軸が交差し、コンテクスト（環境・社会・文化・歴史・技術）と一体になって知識を創造します。組織の知識創造は、常に共通善を目指しています。

このプロセスから生まれる知識は、組織に蓄積される知的資産の一部となり、組織の価値創造に貢献します。知的資産は、特許やライセンス、データベース、文書、ルーティン、スキル、社会関係資本（愛、信頼、安心感）、ブランド、デザイン、組織構造や文化などからなります。

知略で最も重要な知的資産はルーティンとしての型や文化です。知略での型とは情況の文脈を読み、総合し、判断し、行為につなげるために個人や組織が持つ思考・行動様式であり、創造性と効率性をダイナミックにバランスさせる「クリエイティブ・ルーティン」です。

プロセス全体を回転させるフロネシスは、実践と客観的知識を総合する賢人の知恵であり、美徳です。敵の殲滅という単純な目的だけでなく、多くの人が共感できる善い目的を掲げ、個々の文脈や関係性のなかで、最適かつ最善の決断を下せる能力でもあります。

知略が機能するための4つの要件

最後に、知略という哲学が組織で機能するための4つの要件を挙げています。

①共通善

戦争における信念や思い、価値観やコミットメントは人々の生きざまに根差している。戦いのなかで個人、集団、組織、国家や国民の生き方を問うことになる。国民の共感を呼び起こし、善き生を志向し続け、共通善を追求する。

②共感（相互主観性）

戦況を峻別できたり、国民感情を感じ取ったり、敵の腹の中が分かったりといったことが可能なのは、人に共感という能力が備わっているためだ（共感、相互主観性の概念については本書の終章で改めて説明します）。

③本質直観

二項動態の両極をダイナミックに相互作用させバランスを取るには、「いま・ここ」での「本質直観」の質がカギを握る。

④自律分散系

戦略を実行するためには、現場の知識や判断が欠かせない。戦場の現実を肌身で知っている兵員の迅速かつ自律的な判断が、勝敗や生死を分ける。知略を実行する組織では、ミドルが連結点となり、ミドル・アップ・ダウンとしてトップとボトムの間を行き来し、相互作用しながら戦争の大局観や戦場の戦況判断などの知識を創造・共有し、組織全体の戦闘能力を増幅させる。

そして、知略を実践するには、物語りが有効であると主張しています。

『知略の本質』で提示した知略モデルは、経営研究から生み出した知識創造理論、『戦略の本質』で発見したフロネシスの概念、『国家経営の本質』で抽出した国家指導者のリーダーシップ・プロセスや最新の戦略論の知見も取り入れたモデルであり、理想像です。戦史に関わる研究から生み出したモデルですが、個人、集団、組織、国家のすべてが関わるモデルであり、普遍性が高いモデルだといえます。

みなさんが所属する組織が知略モデルに近い状態で回っているなら、それに越したことはありませんが、どうでしょうか。

この点について、「おわりに」でこう記しています。

問題は、現代日本で、このような知略が実践されているだろうか、ということである。現在の、政治の世界における内向きで不毛な議論、分析・計画・統制過多となっている企業の体質、マス・メディアに反映される大衆社会的情況を見るにつけ、大きな環境変化の流れのなかで二項動態の洞察を踏まえた建設的・創造的な戦略論議など、とても生

まれてはこないように思わされてしまう。（『知略の本質』413〜414ページ）

戦略を二項動態的にとらえ、「いま・ここ」の本質直観にもとづいてプロットとスクリプトをつくり物語る実践知リーダーを、いかにして早急に育成するかということこそ喫緊の課題である。この課題解決に真剣に取り組んで成果を出すことが、日本の将来を決定するであろう。（『知略の本質』416ページ）

終　章

挑戦

新たな国家論の構想

プロセス哲学との出合い

今こそ、野中が1970～80年代の日本企業から抽出した知識創造の原理を、国家、企業、集団、個人など様々なレベルで生かせるのではないだろうか。野中は知識創造のプロセスを解明した「SECIモデル」に磨きをかけ続けている。

私は90年代に知識創造理論をつくり出した後も、哲学の研究を続けながら自らの理論を彫琢(ちょうたく)してきました。

影響を受けた哲学者の一人が、英国のアルフレッド・ノース・ホワイトヘッド（1861～1947年）です。企業が環境との相互作用のなかで組織的に知識を創造し、活用するダイナミックなプロセスを説明する「知識ベース企業の動態理論」の確立を目指していたときに同氏のプロセス哲学に出合ったのです。世界やすべてのものを「継続する流れ」ととらえる哲学は、当時の私の問題意識にぴったり合っていました。

プロセス哲学によると、世界は相互に関係するプロセスや出来事の連なりからなる有機的な網であり、すべては関係性のなかにあります。世界は「モノ」ではなく、生成消滅する「コト」すなわち「出来事」で構成されています。

知識はプロセスであり、人と人との関係性のなかで流動し、個々人の経験と結びついて創造し、生成されます。この関係は、動態的に変化しながら継続します。

人間もまた、世界との相互作用のなかで統合されるプロセスであり、個別の出来事や経験の複雑な集合体です。経験自体が自己完結した物体ではなく、他の出来事と有機的に関わって全体の関係性のなかで成立するプロセスなのです。

世界も人間も未来に向けて創造的に統合される存在であり、より高いレベルへの移行、すなわち「成る」ための途中経過として常に未完の状態に置かれています。人間とは、未完ではあるが、よりよい未来への生成に向けて変化していく存在、プロセスの状態にある存在なのです。

人間がつくる知識もまた、「在る」のではなく、「成る」ものであり、人間と独立して外界に存在するのではなく、何かをなそうとする人がつくるものなのです。

知識創造動態モデルの構築

　プロセス哲学の視点を取り入れて完成させたのが「知識創造動態モデル」です。企業が環境と相互作用をしながら知識を創造します。

　ＳＥＣＩに方向性を与え、ＳＥＣＩを回す力の源泉となる「知識ビジョン」「駆動目標」「対話」「実践」からなるＳＥＣＩプロセス、現実にＳＥＣＩプロセスが実行される空間としての「場」、ＳＥＣＩプロセスのインプットであり、アウトプットである「知識資産」、場の重層的な集積であり、場の境界を規定する制度を含む知の生態系としての「環境」で構成するモデルです。組織内で知識を創造していくプロセスを示すＳＥＣＩモデルを、企業全体の活動と関連づけ、俯瞰したモデルといえます。

　プロセス哲学が提示した人間観に注目しましょう。人間は、他者との関係性を結びながら、あるいはモノとも関係し合いながら常に動きます。そして動きながら経験が豊かに積み上がり、知が生まれ、まわりの知と結びつくなかで「新しい自分」へと変わります。人は静態的なビーイングの「在る存在」ではなく、常に何かにビカミングする「成る存在」なのです。

現象学をSECIモデルに取り込む

古今東西の哲学を探究するなかで、たどりついたのが、オーストリアの哲学者、エドムント・フッサール（1859～1938年）の現象学だ。現象学が提示する様々な概念は、野中の戦史に関わる研究にも大きな影響を及ぼしている。

フッサールの現象学との出合いは90年代にさかのぼります。東洋大学名誉教授で現象学が専門の山口一郎さんの著書を読んで関心を持った私は97年、直接質問するために山口先生のもとを訪ねました。以来、交流を重ねながら、現象学の知見を取り入れてきたのです。

現象学は、「SECIモデル」の最初のモードに当たる「共同化（Socialization）」の理解と説明を深める役割を果たしています。山口先生との交流は、共著『直観の経営』（2019年）となって実を結んでいます。

共同化とは、組織のメンバーが身体や五感を駆使し、現場で経験を共有し、暗黙知を共有しながら本質を直観し、暗黙知を生み出すプロセスです。現場で顧客と向き合い、場を共有する場合、顧客と暗黙知を共有することもあります。共同化は新しい知の創造の起点となっているのです。

私がこのモデルをつくり出したとき、調査の対象とした日本企業では、共同化のモードは当然のように機能していたため、4つのモードのなかでも、暗黙知を形式知にする「表出化」(Externalization)が最も重要であると位置づけていました。

しかし、現象学との出合いをきっかけに、共同化における「共感」の大切さを痛感しました。現象学の発展に貢献したフランスの哲学者、メルロ・ポンティ(1908~61年)は、人が相手と全人的に向き合うとき、精神や意識より前にまず、身体の共振・共感・共鳴が起き、それが重要な意味を持つことを「間(かん)身体性」と表現しました。人間は相手と身体的に時空間を共有し、触れ合うことで相手の視点に立ち、相手の経験を自分のなかで持てるようになります。そして、差異を乗り越え、より大きな共感をつくり出せるのです。

大きな共感が生まれるプロセスを解き明かしたのが、フッサールです。人と人との共感について「相互主観性」という概念を説いたのです。相互主観性は3段階からなります。

第1段階は、母親と乳幼児の関係のように、主客が分かれずに無意識に共感する状態で、「受動的綜合」と呼びます。無意識のうちに相手になりきり、相手の視点に立ち、相手の文脈に入り込みます。人が生まれつき、本能として持つ共感の能力であり、「感性の綜合」ともいいます。

第2段階は、自我や自意識に基づく思考が入り込み、主体と客体が分離する状態で、「能動的綜合」と呼びます。その結果、自分の利益と相手の利益が補足し合うこともあれば、衝突することもあります。「知性の綜合」です。

第3段階では、より高次元で再び主客が分かれない状態に入ります。相手と無心・無我の境地で相互主観性が成立し、「わたしの主観」を超えた「われわれの主観」が生まれます。「感性と知性の綜合」です。自分の枠組みを超えた自己超越の世界であり、互いに個を超えながら、「われわれの主観」を生み出すのです。

共感＋同感＝共同化

ここで「共感」について説明しておきます。経済学の父と呼ばれるアダム・スミス

（1723〜90年）は『国富論』の前に『道徳感情論』を著しています。同書では、市場経済が円滑に機能する前提として、人間はお互いの倫理や道徳観を尊重しなければならないと説きました。そこではシンパシーという言葉を使っています。自分の心の中に第三者が存在し、自分の行動が公正かどうかを判断すると考えたのです。ここでいうシンパシーは「同感」の意味です。

一方、無意識のうちにお互いが相手の視点に立っている状態がエンパシーであり、「共感」と訳します。

この状態は、神経科学による研究成果によっても裏づけられています。ミラーニューロンとは、鏡のように相手の行動を自分に映す神経細胞を指します。サルの実験で発見され、その後、人間の脳にも存在することが分かりました。人間は他者の動作、感情、知覚について、自分が同じ状態を経験するのに使う領域で理解します。人間は生まれつき、「共感の生き物」なのです。

つまり、共感には、無意識の共感（エンパシー）と意識的な共感（シンパシー→私は同感と訳します）があるのです。ミラーニューロンの働きはエンパシーであり、相手の視点に立ったとき、一緒に悩みながら問題を解決していこうというのが、シンパシー（同感）です。共感は重層的なのです。

エンパシーとシンパシーを総合しているのが、SECIモデルにおける「共同化」といえます。全身全霊で相手の視点に立ち、何とかしようと悩み、葛藤が生まれます。私は全身全霊での対話を「知的コンバット」と呼んでいます。すると、現象学でいう「フロー状態」になり、高いレベルの共感が生まれ、次のステップである「表出化」に移行できるのです。

現象学には、人間の心と身体は意識の有無にかかわらず「何かに向かって」働いているという見方があります。知覚する対象に心身のアンテナが意識の有無にかかわらず向いていることを、「志向性」（インテンショナリティ）と呼びます。無意識のうちに物事を捉える知覚の原動力が「受動的志向性」、意識的に対象をとらえる知覚の原動力が「能動的志向性」です。

受動的志向性は、主観と客観を判別する前から働いています。私たちは無意識でぼやっとしていても前に向かって何かを見ているのです。つまり、ありのままの直接経験こそ新しい知の創造の原点であり、そこから共感を媒介にして、客観的な真理に到達します。その順序は逆ではないのです。

神経生物学者のフランシスコ・ヴァレラ（1946〜2001年）は、フッサールの現象学を取り入れ、新しい認知科学の方法論を開拓しました。主著『身体化された心』（エンボディード・マインド）では、仏教思想をもとに、伝統的な認知科学に疑問を投げかけています。認知を「身体としてある行為」とみるエナクティブ（行動化）・アプローチを提唱しました。

また、フッサールの影響を受けた宗教学者、マルティン・ブーバー（1878〜1965年）は、人間は他者と関係を持つとき、「我－汝」と「我－それ」という態度のうち、どちらか一方を取ると考えました。

フッサールの第1段階は、主客が分かれていない「我－汝」の関係です。第2段階では、主客が分離して「我－それ」の関係に転じます。そして第3段階では、相手と全人的に向き合い、互いを個として認めながら個を超えて関係し合い、より高次元で「我－汝」関係を結ぶと説いたのです。

SECIモデルの「共同化」は、相互主観の3段階に相当します。そして、「我－汝」の関係は「ペア」から生まれる点に注目しています。私が米国留学中に優秀な相手とペアを組んだエピソードを紹介しましたが、研究者となった後も、様々な同志と「ペア」を組みながら共同研究に取り組んできました。共感をベースとする「共同化」を自ら実践してきたといえます。

個人の判断や行動は1人称が起点になりますが、組織で何らかの行動を起こそうとするときには最初に2人称の関係があり、そこから1人称の個人の主観が導かれます。つまり、最初に他者への共感があり、そこから自己の暗黙知が触発され、個人の主観がわき上がるのです。

共感する場はオンラインでは限界

コロナ禍のもとで、人間同士がペアを組み、共感する場をつくるのは難しいのではないか、と疑問を持つ読者もいるかもしれません。私は、デジタルの映像を介した場合、身体性を共有したときと同様の共感を生むことに限界があると考えています。

見る対象が映像であっても、鏡のように相手の行動を自分に映す神経細胞であるミラーニューロンは反応します。ミラーニューロンが反応すると、人間は、他者の動作、感情、知覚について、自分が同じ状態を経験するのに使うのと同じ領域を使って理解します。オンラインでは五感すべてを駆使することができず、相手との相互作用が限られるため、対面での2人称で共感し合う関係性を代替するのは難しいのです。

産業界は今、オンラインコミュニケーションに加え、ＡＩ（人工知能）やデジタルトランスフォーメーション（ＤＸ）の導入を急いでいます。

ＡＩは人間の能力を拡張する存在であり、これからはＡＩと共創する時代だと考えています。しかし、ＡＩは生命体ではなく機械であり、ＡＩの記憶はリアルな感覚を生じさせる物語をつくり出せません。ＡＩは人間を補助するツールでしかありません。

ＤＸにしても、デジタルかアナログかという選択をする必要はありません。「あれかこれか」の二者択一を迫る「二項対立」ではなく、「あれもこれも」という「二項動態」の発想で、相互に補完すればよいのです。ただし、起点となるのは身体性を伴うアナログな直接経験であることを忘れてはいけません。

「いま・ここ」の文脈に入り込む

現象学における「時間論」にも注目しています。フッサールは「主観的時間」という概念を提示しました。「いま・ここ」には、過去と未来が同居している、幅のある現在という概念です。音楽のドレミファソラシドでいえば、身体化され、無意識になったときの主観的な時間では、ドレでレを聞いた瞬間にドが記憶に残り、同時にミまで先読みができています。一方、客観的な時間では全部が点になってしまいます。時々刻々、過去は流れていきます。今は過去になり、未来はまだ来ないのです。

脳科学者のベンジャミン・リベット（1916~2007年）は「人間は何かを感じるまでに0・5秒間の脳内活動が必要である」との実験結果を示しました。人間が五感で感じる感覚は、それに気づき、意識した瞬間にそう感じているわけではないというのです。「身体知」は意識よりも早いのです。だから、自分の体に蚊がとまったと自覚してから、手ではたいても、だいたい逃げられてしまいます。

創造の瞬間というのは、武道でいうなら真剣勝負の瞬間です。例えば剣道では、相手と全身全霊で向き合いながら、竹刀をパーンとある瞬間に打ち込むのですが、この一撃のなかに過去と未来が同居しているのです。パーンと打ち込んだ瞬間が創造の瞬間であり、何かがひらめくのです。

現象学からは「本質直観」の方法論も学びました。物事の本質とは、時と場所によって変わることがない普遍的な意味や価値のことです。本質を直接的に見抜く行為が、本質直観です。では、どうすれば物事の本質をつかめるのでしょうか。

同じ現実と向き合っても本質を直観できる人と、できない人に分かれるのはなぜでしょうか。精神病理学者の木村敏・京都大学名誉教授によると、現実にはリアリティとアクチュアリティの2種類があります。主体と客体を分離し、客体を外から傍観者的に対象化し、観察するのがリアリティであり、五感を駆使して客体の視点に立ち、客体になりきり、主客が分かれない境地で「いま・ここ」の文脈に入り込み、深くコミットメントして内から見るのがアクチュアリティです。リアリティよりもアクチュアリティに目を向けることで本質直観につながるのです。

『ワイズカンパニー』を著した3つの理由

『知識創造企業』の刊行から四半世紀が経った2019年、野中と竹内は、同書の実践編といえる『*The Wise Company*』（邦訳『ワイズカンパニー』は20年）を発刊した。同じテーマの本を改めて世に問う理由は。

理由は3つあります。知識創造理論は学者や企業に受け入れてもらえましたが、SECIモデルを具体的にどのように役立てればよいのか、なお十分に理解されていません。そこで理論を実践したい人に向けた本を出したいと考えたのが第1の理由です。

第2に、過去25年間で世界が劇的に変化し、「知識」の風景が一変したためです。グローバル化、ソーシャルメディア、モバイル技術、ビッグデータ、クラウド、AIの普及、モノのインターネット化は、知識をいっそう豊かなもの、グローバルなもの、複雑なもの、深いもの、互いにつながったものにしています。企業は情報過多の問題に取り組み、適切な知識の活用方法を考えなければなりません。

本書では、変化の激しい世界に対応するためには高次の暗黙知である「知恵」が必要だと訴えています。「知識」から「知恵」への転換が必要なのです。

そして第3に、知識創造理論に、さらに磨きをかけるためです。

ここで改めてSECIモデルの4モードを示しておこう（表参照）。SECIモデルは、暗黙知と形式知の間で生じる「認識論」の次元と、知識を創造する人と他者の間で生じる「存在論」の次元からなる。従来の4モードの図は、認識論の次元を描写するにとどまっていたが、『ワイズカンパニー』では、存在論の次元も組み込んだ図を示している。

SECIモデルを回す原動力がフロネシス（賢慮、実践知）です。『戦略の本質』を仕上げる過程でたどりついた概念であり、アリストテレスに由来します。フロネシスとは、社会における「善いこと（共通善）」の実現に向かって、現実の複雑な関係や文脈を鑑みながら適時かつ適切な判断と行動を取れる能力を指します。身体知を伴った実践的な知恵であり、

表 SECIモデルの骨組み

①共同化＝暗黙知から暗黙知へ

・個人が他者との直接対面による共感や、環境との相互作用を通じて暗黙知を獲得する
・個人同士が直接的な相互作用により暗黙知を共有する。直接的な相互作用を通じて、組織の各メンバーが環境についての暗黙知を獲得する。この局面で、個人は知的にだけではなく、身体的、感情的にも、互いに理解を深め合う。その結果、互いの考えを共有し合うようになる

②表出化＝暗黙知から形式知へ

・個人間の暗黙知を対話・思索・メタファーなどを通して、概念や図像、仮説などをつくり、集団の形式知に変換する
・個人がチームレベルで、共同化によって積み重ねられた暗黙知を弁証法的に統合する。この統合により、暗黙知のエッセンスが概念化され、暗黙知が言葉やイメージやモデルを用いた修辞やメタファー（隠喩）という形で形式知に変換される

③連結化＝形式知から形式知へ

・集団レベルの形式知を組み合わせて物語や理論に体系化する
・形式知が組織の内外から集められ、組み合わされ、整理され、計算されることで、複合的で体系的な形式知が組織レベルで築かれる

④内面化＝形式知から暗黙知へ

・組織レベルの形式知を実践し、成果として新たな価値を生み出すとともに、新たな暗黙知として個人・集団・組織レベルのノウハウとして体得する
・連結化によって増幅した形式知が実行に移される。個人が組織や環境の文脈の中で行動を起こす。行動学習と同じように、実際に行動することで、最も関連のある実用的な暗黙知が豊かになるとともに、その個人の血肉となる

注）各項目の上段は、『直観の経営』214ページ、下段は『ワイズカンパニー』109ページから引用

実践的賢慮とも呼ばれます。

フロネシスを備えたリーダーが組織を牽引すると、ＳＥＣＩプロセスが回転を始め、イノベーションが起きます。フロネシスは戦史に関わる研究のなかからつかみ取った概念ですが、知識創造理論を補強する有力な概念となりました。

アリストテレスにとってフロネシスを備えたリーダーの代表格は、古代ギリシャ、アテナイの政治家で、ペリクレス時代と呼ばれる黄金時代を築いた政治家、ペリクレス（紀元前４９５?～紀元前４２９年）でした。

チャーチルにみるフロネシスの6つの要素

戦史に関わる研究において発見した、フロネシスを備えたリーダーの一人は英首相、ウィンストン・チャーチルです。フロネシスの６つの要素を改めて示しておきましょう。

①「善い」目的を創る能力

共通善という価値判断の基準に基づき、正当な目的を創る能力

②ありのままの現実を直観する能力

「いま・ここ」で進行している文脈に入り込み、五感を駆使しながら生きた現実の本質を直観する能力

③場をタイムリーに創る能力

他者と文脈を共有し、相互主観性を育み、共通感覚を醸成する能力

④直観の本質を物語る能力

メタファーなどのレトリックを使いこなして物語りを創る能力

⑤物語りを実現する政治力

あらゆる手段を巧みに使って政治的対立を止揚し、物語りを実現するプラグマティックな政治力

⑥実践知（実践的賢慮）を組織化する能力

個人の実践知を効率よく組織知として総合する能力

6つの能力は、ＳＥＣＩプロセスと重なり合う部分が多いことに読者は気づくでしょう。

フロネシスを備えたリーダーはＳＥＣＩの推進役であるだけでなく、自分自身もＳＥＣＩプロセスを回しているのです。

『ワイズカンパニー』では、ＳＥＣＩモデルを土台にした新たな動態モデル、「ＳＥＣＩスパイラル」を提唱しています。ＳＥＣＩスパイラルでは、ＳＥＣＩプロセスが水平方向に展開するのと並行して、存在論的な次元を個人、集団、組織や社会へと垂直方向に昇っていくイメージです。集合的な知識創造のプロセスが時間をかけて繰り返されるなかで、ＳＥＣＩスパイラルが生まれます。認識論、存在論、時間の3次元を持つ動態モデルなのです。

ＳＥＣＩスパイラルが生まれると、知識が絶え間なく創造され、増幅され、実践されます。知識のベースが水平方向に広がり、より多くの知識が行動に移されます。知識実践の規模と質が増幅され、イノベーションの促進につながる行動が増えます。知識の創造と実践に関わる人が増え、知識のベースが次第に垂直方向に広がります。ある次元で創造された知識が、より高次の存在論的な次元へとスパイラルに上昇し、知識創造・実践のコミュニティが大きくなるのです。

知識から知恵へ——リーダーシップの6つの実践

『ワイズカンパニー』ではさらに議論を深め、「知識から知恵へ」というプロセスを描き出す。

実践知とは、経験によって培われる暗黙知であり、賢明な判断を下すことや、価値観とモラルに従って、実情に即した行動を取ることを可能にする知識です。リーダーが組織全体でそのような知識を育むとき、その組織は新しい知識を創造するだけでなく、優れた判断を下せるようになります。

なぜ、「実践」なのか。それは実践によって一人ひとりの知恵（ウィズダム）が磨かれるからです。子どもは母親とともに暮らし、母親に見守られ、叱られ、正直になりなさいとか、嘘をついてはいけませんとか、欲張ってはいけませんとか、何度も繰り返し言われることで、「母の知恵」を授けてもらいます。実践によって知識が習慣になるとき、知識は知恵に変わるのです。

知識は身につけた瞬間から古び始めますが、知恵はいつまでも古びません。知恵は何世代にもわたって受け継がれ、時間の経過に耐えられます。変化の激しい今の世界に欠かせないものなのです。

同書では、世界にはあらゆる知識が揃っていながら、世界の金融システムの崩壊を食い止められず、イーストマン・コダック、ゼネラルモーターズ、サーキット・シティといった業界の盟主の失墜を防げなかったと指摘しました。正しい種類の知識が利用されず、企業のトップは主観的な目標、信念や関心に根差す「未来」を創造できていません。時代にふさわしいリーダーを育成できていないのです。ダイナミックで不安定な今の世界では、賢明な変革者の役割を果たせるワイズリーダーが求められています。

こうした問題を克服するためには、知恵、フロネシス（実践知）、「場」という知的な土台によって、企業の持続的なイノベーションと社会的なＳＥＣＩスパイラルを促進し、よりよい未来を築いていくべきです。

ＳＥＣＩモデルは理解していても、水平方向の動きが滞り、垂直方向の跳躍ができない「ＳＥＣＩ行き詰まり症候群」に陥っている企業もあるでしょう。そうした企業のために、同書では「リーダーシップの6つの実践」を提案しました。

①判断や決定を下す前に必ず、組織や社会の利益になることは何かを考える
＝何が善かを考える

②状況や問題の本質をすばやくつかみ、人やものや出来事の性質や意味を直観的に理解する
＝本質をつかむ

③共有された文脈（「場」）を公式な形でも、非公式な形でも築いて、人と人との交流から絶えず新しい意味が生まれるようにする
＝「場」を創出する

④メタファー（隠喩）や物語を使って、状況も経験も様々な個人が本質を直観的につかめるようにする
＝本質を伝える

⑤あらゆる手段を（必要であれば、マキャベリズムの手段も）使って、それぞれに目標の違う者たちを一つにまとめ、行動させる

＝政治力を行使する

⑥社員の実践知を育む。とりわけ現場の社員には、実習や指導によって、実践知をしっかり身につけさせる

＝社員の実践知を育む

フロネシスの6要素が、企業のリーダーに求められているのです。

渋沢栄一の原点は武士道

『ワイズカンパニー』で提示した知恵（ウィズダム）、実践知（フロネシス）、「場」の概念やリーダーシップ論は、軍事や安全保障、さらには国家戦略論にも応用できる、と野中はみている。

『孫子』には「戦わずして勝つ」という教えがあり、クラウゼヴィッツは『戦争論』で「戦争は他の手段をもってする政治の継続である」と説いています。英国の思想家・美術評論家、ジョン・ラスキン（1819～1900年）は「偉大な国家は言葉の真実と思想の強さを、戦争によって学んできた」と記しました。

また、新渡戸稲造（1862〜1933年）は『武士道』で、いくさは腕力のみならず、知を競わせる場である、武士道の骨格は叡智、仁義、勇気であり、精神的支柱として我が国を動かしてきたと指摘しました。

戦争は、知的コンバットの極限なのです。指揮官は、ダイナミックな文脈のもとにタイムリーなジャッジメント（判断）をしなければなりません。名人芸の極致のようなものでしょう。絶えず動きのなかで本質を見極める必要があります。企業のリーダーと国家のリーダーに求められる資質には共通点が多いのです。

軍事や安全保障を論じるとき、国家という単位が分析の単位であり、そこを核にして政治と経済が同盟を組むべきです。明治維新も、下級武士や豪農商といった中間層が国家レベルで健全な安全保障意識を持ち、命を懸けたからこそ成功したのです。

渋沢栄一（1840〜1931年）は豪農の生まれでありながら幼少期に論語と四書五経、青年期には北辰一刀流を学び、文武両道に秀でていました。洋画家が渋沢の70歳の誕生祝に贈った絵には、手前に論語の本と算盤、奥に日本刀が描かれています。渋沢のお気に入りだったそうです。ステークホルダー（利害関係者）を重んじる資本主義の創始者と評されますが、その原点は、国家の大局観と命を懸ける覚悟を持った武士道精神にありました。

日本企業の3つの過剰

残念ながら日本企業のリーダーは、総じて安全保障に関する問題意識が希薄です。中国でビジネスを展開する企業のリーダーは、安全保障問題を口にしづらい面があるのかもしれませんが、それだけが原因ではありません。ここで指摘したいのは、日本経営における「3つの過剰」です。

フッサールは晩年、『ヨーロッパ諸学の危機と超越論的現象学』（危機書）を著し、もっとも知性があると言われていた欧州の人たちはなぜ、第1次大戦を引き起こし、文明の危機に陥ったのかを解明しています。私たちが生きている「生活世界」で、すべてを数式で解決できると思い込む人間の知性の妄信に問題の根源があると考えたのです。これを「生活世界の数学化」と表現しています。彼は、主観主義と客観主義の二者択一を解消するために現象学を展開したのです。

「生活世界の数学化」は、90年代のバブル崩壊後の日本企業に顕著です。経営にサイエンスの視点を導入しようという機運が高まり、「戦略」や「選択と集中」という言葉が流行しました。成果主義、ＲＯＥ（株主資本利益率）経営、ＳＤＧｓ（持続可能な開発目標）経営と流行語は次々と変わります。

分析主義的な経営手法が日本企業を弱体化させたのです。欧米流の手法に過剰適応し、分析過多（オーバーアナリシス）、計画過多（オーバープランニング）、コンプライアンス（法令順守）過多（オーバーコンプライアンス）が日本企業から活力を奪っています。３つの過剰に陥っている企業のリーダーは、安全保障問題には目を向けないでしょう。

もう一方の日本の政治でも、国家の本質論を問う場がどんどん劣化しています。安全保障の問題は軍事力に加え、経済、医療、食料、サイバー、災害など多岐にわたるようになっているにもかかわらず、広い意味での安全保障を論じる場がないのです。ギリシャ以来、国家のあり方について真剣勝負をする対話の場がありました。

戦略は生き方だ

戦争では、生き方が問われるのです。生き方は数学からは出てきません。戦略は生き方だというのがワイズカンパニーの基本的な主張であり、真剣勝負を経験していない政治家が戦争を勝ち抜くのは難しいでしょう。

「戦略」という言葉は、古代ギリシャ語で将軍の地位や知識、技能を意味するストラテジアに由来します。それが英語のストラテジーとなったのは1810年です。この年は、クラウゼヴィッツがプロイセンの陸軍大学教官となり、ヨーロッパを席巻していたナポレオン・ボナパルト（1769～1821年）の勝利の秘密を探るために軍事戦略の研究を始めた年です。

それから約20年をかけて『戦争論』を執筆したクラウゼヴィッツは、第6章「戦争の天才」で、クーデュイという、一瞥を意味するフランス語がナポレオンの秘密であり、「長い試みと熟考の末にのみ得ることができる瞬時に真実を見抜く直観だ」と論じました。

まさに本質直観の能力です。最終判断に至るプロセスは直観的であり、無意識のうちに起こるのです。クーデュイによって見える戦局とは、戦場で意識して認識できるものすべてを論理的に分析して出てくるのではなく、その場の直観が基礎となって自動的に見えてくるものなのです。戦場におけるリーダーの直観力はどのようにつくられるのか、現象学で説明ができるのです。

日本に必要なのは知徳リーダー

国際協力機構（JICA）理事長の北岡伸一との対談『知徳国家のリーダーシップ』では、新型コロナウイルスが猛威を振るう国難にあって、国家のリーダーはどうあるべきかを進言している。

リーダーに必要なのは「知」と「徳」です。「サイエンス」と「アート」とも言い換えられます。状況の変化に応じてジャストライトの判断を導き出し、新しい本質を突き詰め、やり抜くのです。そのためには現場、現物、現実の実践知が大切です。

同書では、大久保利通（1830～1878年）、渋沢栄一、伊藤博文（1841～

1909年)、益田孝(1848~1938年)、吉田茂(1878~1967年)、本田宗一郎(1906~91年)、中曽根康弘(1918~2019年)、稲盛和夫(1932~)を「知徳リーダー」として取り上げました。身体で考え実践する知的体育会系のリーダーたちであり、私は、知的バーバリアン(野蛮人)と呼んでいます。

そして、彼らの特徴を

1　はじめに「思い」ありき
2　「出会い」のダイナミック・ペア
3　身体で考え、直観する
4　「書く」ことで内省し、意味を創造する
5　「戦い」の本質を見抜く
6　「いま・ここ」にかける
7　したたかに執拗にやり抜く(GRIT)
8　人材の適時適材適所を貫く

とまとめています。8つの特徴を、北岡先生は「責任を取る」という一言でうまく表現して

います。責任（リスポンシィリティ）は、応答（リスポンス）と切り離せない言葉です。責任とは「いま・ここ」の現実に対して全身全霊で相互に応答する行為です。

こうした特徴を備える知徳リーダーを育成するのは、熟議の場です。その意味では、熟議の場としての国会改革が欠かせません。日本を存続させ、繁栄させるための知識創造を実現するためには、健全なナショナリズムのもとでの「大戦略」すなわち「総合国家戦略」を熟議する組織や場が必要なのです。産官学民の賢人や専門家が結集し、多様な問題の論点を熟議し、成果を横断的に共有するのです。

「知徳国家」では、複数の党派・利害集団がどれも一長一短の政策案・国家ビジョンを競い合い、互いにリスペクトしながらも「知」と「徳」の両面で批判的に議論します。知徳のリーダーは絶えずそれらの間でバランスをとりながら国益を実現していくのですが、そのときときわめて重要なのが実践知だと考えます。（『知徳国家のリーダーシップ』228ページ）

エコノミック・ステイトクラフト

知識創造理論は、国家の大戦略を打ち出す際にも有効なはずです。大戦略を生み出すプロセスはＳＥＣＩモデルのプロセスそのものだからです。

現在、私が提唱している知識創造理論の吸収に最も熱心なのは中国です。ＳＥＣＩモデルの根幹は弁証法です。これは毛沢東の実践論・矛盾論に近く、中国のエリート層にはピンと来るのでしょう。戦略を概念にする能力が高いのです。清華大学では２０１７年以降、毎年、知識創造とイノベーションに関する国際コンファレンスを開催しています。また、私の知識創造理論に関する多くの著書が中国語に翻訳され、シリーズで出版されています。

中国が打ち出している「一帯一路」は、陸路（シルクロード経済ベルト）と海路（21世紀海上シルクロード）の2つの道で中国と欧州を結び、ユーラシア大陸を貫くメインロードにする壮大な構想です。まさに「戦わずして勝つ」戦略であり、非常に優れています。

米中対立が激化するなかで、経済安全保障（エコノミック・ステイトクラフト＝ＥＳ）の視点が重要になっています。ＥＳとは、安全保障政策と経済政策を一体とし、他国への影響力を行使する手法を指します。中国の行動原理はＥＳそのものであり、まさに「何でもあり」なのです。

組織と組織のコラボレーションが国家の大戦略を生み出します。エコノミック・ステイトクラフトも、実はＳＥＣＩモデルで解釈することが可能なのです。日本の「自由で開かれたインド太平洋構想」は中国の野望を抑止できるのでしょうか。日本の大戦略が求められています。

目指すはアジャイル国家

今、ソフトウエア開発で「アジャイルスクラム」というやり方が世界で普及しています。アジャイルは「俊敏」という意味です。これは知識創造理論がベースになっています。チームのメンバーは毎朝必ず顔を合わせ、起立してリフレクション（振り返り）から始まり、問題を共有します。これから起きうる問題を先読みし、チーム全体がスクラムを組んで、一人ひとりが直ちに実行するのです。

知識創造理論は１９７０～80年代の元気なころの日本企業のイノベーションを理論化した

ものですが、それが今、欧米で伸びているのです。

第2次大戦で敗戦した日本軍にはアジャイルスクラムが欠けていました。80年代には企業の間に広がりましたが、企業レベルでとどまり、国家レベルには至らなかったのです。今、求められているのは「アジャイル国家」なのではないでしょうか。日本はアジャイル国家となり、本当の意味での国家安全保障会議を開き、大戦略を打ち出すときです。

知徳国家の実践知リーダーによる責任を持った実践が、自己革新を続けるレジリエントな（＝弾力性のある）国家や社会を構築するのです。

知識創造とイノベーションの原理を解き明かし、企業や国家のリーダーシップの理想を追求する研究はこれからも続く。

現在進行中の研究プロジェクトの一つは、自衛隊の研究です。防衛大学校や自衛隊出身のメンバーが集まり、日本の戦後の経済安全保障政策とは何だったのかという観点から、非常にリアルな物語を書こうとしています。日本軍は「過去の成功体験への過剰適応」によって第2次大戦で敗北しましたが、自衛隊の研究からは「過去の平和への過剰適応」という概念が浮かびつつあります。

このプロジェクトでは、世界戦略論までには至りませんが、今後の研究のなかで、私自身の安全保障戦略論、日本的な国家戦略論を打ち出したいと考えています。いずれにせよ、日本にはアジャイル国家になる潜在能力があると信じています。

おわりに

本書は、私の戦史、軍事組織ならびに国家安全保障戦略に関わる研究（本文では戦史に関わる研究と総称）を振り返ったものである。この研究は、企業のイノベーションや戦略に関わる研究とともに、私の研究者人生を支える柱だった。では、様々な意見や主張があることを承知しながら、「戦争」に関わる研究を50年近く続けてきた原動力は何であったか。

「戦争」に代表される有事は、現実の延長線上では解決できない難題にチャレンジし、新たな知識を生成する創造性が発揮される場だ。人類はそのプロセスを通じて、多くを学び進化してきた。危機的事態や極限状況は、知恵を総結集して、産官学民軍の多様な人々が協働する壮大なプロジェクトでないと克服できない。終章でもふれた英国の思想家であり美術評論家だったジョン・ラスキンは、『野生のオリーブの冠』でこう語る。

わたしは、戦争はあらゆる芸術の礎であると言いたい。そしてこの言葉には、人間のあらゆる高潔な美徳と能力の礎であるという意味もこめている。（中略）偉大な国家は言葉の真実と思想の強さを、戦争によって学んできたということがわかったのである。それは戦争の中で養われ、平和の中で失われること、戦争によって教えられ、平和によって騙されること、戦争によって鍛えられ、平和によって裏切られること、すなわち戦争で生まれ、平和で消滅することを、私は理解したのである。

戦略思想家であるエドワード・ルトワックも、『戦争にチャンスを与えよ』で第1次大戦から第2次大戦終結までの期間でヨーロッパでは凄まじいほどの創造性が発揮され、世界のテクノロジーの進歩に貢献したと主張し、戦争とは探求、発見、テクノロジーの進歩であり、これは「トロイの木馬」の時代から普遍の真理だと説く。

われわれは、人の営みである「戦争」の本質に真っ当に向き合い、考察することから逃げてはならない。私たちは、戦後も現在に至るまで、『失敗の本質』でも指摘した観念論から抜け出せていないのではないか。

『戦略論の名著』でも取り上げた歴史家マーチン・ファン・クレフェルトと2013年に対

談した際、「自分自身の歴史」から学ぶことの重要性を訴えていたのが印象的だった。歴史的構想力を発揮して過去の戦争に学び、その本質を反省も込めて洞察するとともに、リアリズムをもって現実を直視し、これからの国家としての安全保障のあり方を広く議論することが、混迷を極める世界情勢における日本の「生き方」の創造につながると信じている。本書が、平和ボケと揶揄され続けてきた日本国民に反省と対話、そしてクリエイティブな実践を促す機会になれば幸甚である。

本書の完成に向けては、日本経済新聞「私の履歴書」でお世話になった前田裕之氏との知的コンバットが不可欠だった。私の研究の変遷を振り返り、改めて意味づけ、価値づけてくれたことに心から感謝している。戦史に関わるプロジェクトで苦楽を共にしてきた共著者メンバー一人ひとりにもお礼を申し上げる。最後に、戦史に関わるプロジェクトの多くに関わり、私を鼓舞し並走し続け、本書を出版する機会を与えてくれた日経ＢＰの堀口祐介氏に深謝したい。

２０２２年3月

野中郁次郎

参考・引用文献

●戦史に関わる研究

戸部良一、寺本義也、鎌田伸一、杉之尾孝生、村井友秀、野中郁次郎『失敗の本質――日本軍の組織論的研究』ダイヤモンド社、1984年、中公文庫、1991年（※引用は中公文庫から）
野中郁次郎『アメリカ海兵隊――非営利型組織の自己革新』中公新書、1995年
野中郁次郎、戸部良一、鎌田伸一、寺本義也、杉之尾宜生、村井友秀『戦略の本質――戦史に学ぶ逆転のリーダーシップ』日本経済新聞出版社、2005年、日経ビジネス人文庫、2008年（※引用は日経ビジネス人文庫から）
野中郁次郎編著『失敗の本質　戦場のリーダーシップ篇』ダイヤモンド社、2012年
野中郁次郎編著『戦略論の名著――孫子、マキアヴェリから現代まで』中公新書、2013年
野中郁次郎、荻野進介『史上最大の決断――「ノルマンディー上陸作戦」を成功に導いた賢慮のリーダーシップ』ダイヤモンド社、2014年
戸部良一、寺本義也、野中郁次郎編著『国家経営の本質――大転換期の知略とリーダーシップ』日本経済新聞出版社、2014年、日経ビジネス人文庫（『国家戦略の本質』と改題）、2020年
野中郁次郎『知的機動力の本質――アメリカ海兵隊の組織論的研究』中央公論新社、2017年
野中郁次郎、戸部良一、河野仁、麻田雅文『知略の本質――戦史に学ぶ逆転と勝利』日本経済新聞出版社、2019年
北岡伸一、野中郁次郎『知徳国家のリーダーシップ』日本経済新聞出版、2021年

●経営研究

野中郁次郎『組織と市場――組織の環境適合理論』千倉書房、１９７４年

野中郁次郎、加護野忠男、小松陽一、奥村昭博、坂下昭宣『組織現象の理論と測定』千倉書房、１９７８年、新装版は２０１３年（※引用は新装版から）

加護野忠男、野中郁次郎、榊原清則、奥村昭博『日米企業の経営比較――戦略的環境適応の理論』日本経済新聞社、１９８３年

野中郁次郎『知識創造の経営――日本企業のエピステモロジー』日本経済新聞社、１９９０年

野中郁次郎、竹内弘高（梅本勝博訳）『知識創造企業』東洋経済新報社、１９９６年

（原著は、*The Knowledge-Creating Company: How Japanese Companies Create the Dynamics of Innovation*, Oxford University Press, 1995）

野中郁次郎、紺野登『知識創造の方法論』東洋経済新報社、２００３年

野中郁次郎、遠山亮子、平田透『流れを経営する』東洋経済新報社、２０１０年

野中郁次郎、山口一郎『直観の経営――「共感の哲学」で読み解く動態経営論』ＫＡＤＯＫＡＷＡ、２０１９年

野中郁次郎、勝見明『共感経営』日本経済新聞出版、２０２０年

野中郁次郎、竹内弘高（黒輪篤嗣訳）『ワイズカンパニー――知識創造から知識実践への新しいモデル』東洋経済新報社、２０２０年

（原著は、*The Wise Company: How companies Create Continuous Innovation*, Oxford University Press, 2019）

●論文（いずれも野中執筆）

Organization and Market: Exploratory Study of Centralization vs. Decentralization, University of California at

Berkeley, 1972
The New New Product Development Game, *Harvard Business Review*, 1986（竹内弘高氏との共著）
Creating Organizational Order Out of Chaos: Self-renewal of Japanese Firms, *California Management Review*, 1988
Toward Middle-Up Down Management: Accelerating Information Creation, *Sloan Management Review*, 1988
Organizing Innovation as a Knowledge-creation Process: A Suggestive Paradigm for Self-renewing Organization, Working Paper, University of California at Berkeley, No.OBIR-41, 1989
The Knowledge-Creating Company, *Harvard Business Review*, 1991
A Dynamic Theory of Organizational Knowledge Creation, *Organization Science*, 1994

●関連文献

マーチン・ファン・クレフェルト、野中郁次郎「健全な「戦争文化」を醸成せよ　過去の大戦を直視し、反省を込めて学ぶことで国益は保たれる」『Voice』２０１３年８月号、ＰＨＰ研究所
新渡戸稲造（山本史郎訳）『対訳　武士道』朝日新書、２０２１年
アントニー・ビーヴァー（平賀秀明訳）『ノルマンディー上陸作戦１９４４（上・下）』白水社、２０１１年
エドムント・フッサール（細谷恒夫・木田元訳）『ヨーロッパ諸学の危機と超越論的現象学』中公文庫、１９９５年
ローレンス・フリードマン（貫井佳子訳）『戦略の世界史（上・下）』日経ビジネス人文庫、２０２１年
ジョン・ラスキン『野生のオリーブの冠』（新渡戸稲造『対訳　武士道』注より引用）
エドワード・ルトワック（奥山真司訳）『戦争にチャンスを与えよ』文春新書、２０１７年

野中郁次郎 のなか・いくじろう

一橋大学名誉教授。1935年生まれ。早稲田大学政治経済学部卒業後、富士電機製造勤務を経て、カリフォルニア大学経営大学院（バークレー校）にてPh.D.取得。主な著書に『失敗の本質』『戦略の本質』『国家戦略の本質』『知略の本質』（いずれも共著）、『組織と市場』『知識創造の経営』『知識創造企業』（共著）『知的機動力の本質』『ワイズカンパニー』（共著）などがある。

前田裕之 まえだ・ひろゆき

学習院大学客員研究員、川村学園女子大学非常勤講師、文筆家。東京大学経済学部卒業後、1986年日本経済新聞社入社。東京経済部、大阪経済部金融担当キャップ、経済解説部編集委員などを経て現在に至る。主な著書に『ドキュメント銀行 金融再編の20年史』『ドキュメント狙われた株式市場』『実録・銀行 トップバンカーが見た興亡の60年史』『経済学の宇宙』（聞き手）などがある。

日経プレミアシリーズ｜476

『失敗の本質』を語る

二〇二二年五月　六日　一刷
二〇二二年七月二二日　五刷

著者　野中郁次郎
聞き手　前田裕之
発行者　國分正哉
発行　株式会社日経BP
　　　日本経済新聞出版
発売　株式会社日経BPマーケティング
　　　〒一〇五―八三〇八
　　　東京都港区虎ノ門四―三―一二
装幀　ベターデイズ
組版　マーリンクレイン
印刷・製本　凸版印刷株式会社

ISBN 978-4-296-11337-8　Printed in Japan